云南石林气生藻类
及其生物喀斯特研究

田友萍　著

地质出版社
·北　京·

内容简介

本书对云南石林碳酸盐岩表面的气生藻类及其生物喀斯特作用进行了详细的野外考察和实验室研究。通过运用光学显微镜（体视显微镜、生物显微镜）和电子显微镜对100多个藻类标本和岩石标本进行了系统观察、鉴定和统计，获得了1100多张显微镜照片和大量数据。本书首次对蓝藻微群落生态采用定量统计的方法进行了研究，通过鉴定和定量统计，详细讨论了研究区碳酸盐岩表面气生藻类的种类组成、优势种类、分布特点、生物学特征和群落类型及特征；重点分析了石林表面的藻类和藻类群落与石林溶蚀形态的关系和成因机制。研究认为，该地区气生蓝藻十分丰富，它们在石林溶蚀形态的形成过程中，有着积极的生物喀斯特作用，能够影响喀斯特形态乃至喀斯特地貌的形成，而且藻类的溶蚀作用能够加速整个石林喀斯特地貌的风化过程。本书是地学与生物学有机结合的交叉学科研究成果，旨在进一步揭示生物喀斯特的溶蚀作用现象及机制，促进生物喀斯特的理论研究。与此同时，它还揭示了石林形成中的生态问题，为云南石林等喀斯特旅游区的开发与保护提供了科学依据。

本书图文并茂，资料翔实，可供藻类学、生物地质、景观生态、自然地理、旅游开发等领域的科技人员参考，也可供高等院校相关专业师生阅读。

图书在版编目（CIP）数据

云南石林气生藻类及其生物喀斯特研究 / 田友萍著 . —北京：地质出版社，2024.5
ISBN 978-7-116-14100-1

Ⅰ. ①云… Ⅱ. ①田… Ⅲ. ①石林－藻类－研究－云南 Ⅳ. ① Q949.2

中国国家版本馆 CIP 数据核字（2024）第 081578 号

YUNNAN SHILIN QISHENGZAOLEI JIQI SHENGWU KASITE YANJIU

责任编辑： 肖莹莹　蔡卫东
责任校对： 田建茹
出版发行： 地质出版社
社址邮编： 北京市海淀区学院路31号，100083
电　　话：（010）66554528（邮购部）；（010）66554628（编辑室）
网　　址： https://www.gph.clmpg.com
传　　真：（010）66554686
印　　刷： 北京地大彩印有限公司
开　　本： 787mm × 1092mm　1/16
印　　张： 10.75
字　　数： 200千字
版　　次： 2024年5月北京第1版
印　　次： 2024年5月北京第1次印刷
定　　价： 60.00元
书　　号： ISBN 978-7-116-14100-1

目　录

第一章 绪 论

第一节 气生藻类的提出与运用

气生藻类（英文 aerophytic algae，德文 luftalgen，aerophytische，atmophytische algen），是指离开水的环境在空气中生活，其所需的水是从下雨或蒸汽中获得（福迪，1980），通常在温暖而潮湿的气候里大量出现，而在长期干燥寒冷的地方数量很少。气生藻类这一概念一直和石生植物（lithophytes）、亚气生藻类（subaerial algae）、陆生藻类（terrestrial algae）、石内生藻类（endolithic algae）等这些概念混用近 200 年。

20 世纪中叶以前，主要是把石生藻类从水生和陆生中分离出来成为单独的一类。能够追溯到的最早文献出现在 1842 年，提到石生植物（lithophyta）是生长在海边岩石上的藻类，或者喜欢附着在壳状结构或坚固而无形的块状物上的植物，这些节状藻类表面覆盖着一层灰白色的钙化壳，黏附在贝壳、岩石、海藻或其他藻类上，这些壳层稍微坚硬且呈膜状，表面有小孔（Johnston G., 1842）。1849 年，Kützing 在他的著作“Species Algarum”中使用了类似的概念（Kützing F.T., 1849）。West G. S. 是最早尝试在生态基础上对淡水藻类进行分组的研究者之一，他建立了亚气生群落（subaerial communities）、与滴水岩石相关的物种群落，以及水生群落，每个群落再进一步细分（West G. S., 1916）。1920 年，Fritsch F. E. 研究了陆生藻类（terrestrial algae），认为水生藻类和陆生藻类之间的明确界限难以划分，出现在岩石和其他暴露在恒定水滴中的基质上，形成了一个边缘群落，充足的通气和短暂干燥的环境下可以生存，它们往往带有明显的黏液鞘（Fritsch F. E., 1922）。Ercegovi Ante 提到石生蓝藻（cyanophycées lithophytes）(Ercegovi Ante, 1929）。Geitler 在其所撰的书中提到岩石上空气中有藻类生活，空气中的大量藻类栖息在岩石、树干、墙壁和屋顶等地方，还提到石内生藻类（endolithen）对岩石造成破坏，还能是石灰沉淀形成碳酸盐岩（Geitler L., 1932）。Tiffany 提到生活在岩石上的藻类为石生植物（lithophytes）(Tiffany L. H., 1935）。Brown 认为植物根据其栖息地被分为 4 类：水生植物（hydrophytes）、石生植物（lithophytes）、陆生植物（land plants）和附生植物（epiphytes）。不同组之间的界限是逐渐的，因此没有绝对的分界（Brown B. I., 1948）。

20 世纪中叶以来，开始用气生藻类囊括石生藻类，指水量较少的岩石、树皮以及建筑物的墙面等生长的藻类，而其中的石生藻类成为独立的小枝系，其分类进一步细化。1945 年，Fritsch F. E. 在他的著作“The Structure and Reproduction of the Algae”中讨论了气生藻类（aerial algae），这个概念与 aerophytic algae 非常接近（Fritsch F.E., 1945）。Tiffany（1951）总结了这些文献中比较重要的部分，列出了 6 个或多或少不同的生态群落：水生植物（hydrophytes）、土生植物（edaphophytes）、气生植物（aerophytes）、冰冻植物（cryophytes）、内生植物（endophytes）和附生植物（epizoophytes）（Tiffany L. H., 1951）。Friedmann I.（1967）将以色列内盖夫沙漠中存在的藻类分为两类：（A）土壤藻类（soil algae），包括：①土壤内生藻类（endedaphic algae，生长在土壤中）；②土壤表生藻类（epedaphic algae，生长在土壤表面）；③石下生藻类（hypolithic algae，生长在覆盖在土壤上的石头下表面）；（B）石生藻类（rock algae，石生植物 lithophytes），包括：④石缝生藻类（chasmolithic algae，生长在岩石裂缝中）；⑤石内生藻类（endolithic algae，渗透到岩石组织中），藻类的主要水源被认为是露水（dew）（Friedmann I. et al.,1967）。Goiubic S.（1969）认为内生藻类（endolithic algae）包括两种不同的生活形式：①在岩石内部现有空间中定植的藻类；②在碳酸盐基质中主动钻孔的藻类。藻类在岩石表面以下几毫米处形成一条窄窄的绿色带，在其他岩生栖息地中，藻类在岩石表面形成外壳，或作为一层薄薄的细胞存在于表面之下，大多数岩生（lithophytic habitats）藻类是蓝藻或绿藻，但其他类群也有存在（Goiubic S., 1969）。20 世纪 70 年代，有更多关于陆生和空气藻类的研究出现，这时"aerophytic algae"这个术语可能已经被广泛使用（Den Hartog C., 1972; Javornicky P., 1973）。南极裂石藻类（chasmolithic algae）是蓝藻门的两种成员和绿藻门的 6 种成员，分布与水分可用性、盐的浓度和岩石表面侵蚀率有关（Broady P. A., 1981）。Bell R. A. 介绍了在亚利桑那州观察到的隐孔内生藻类（cryptendolithic algae）和缝隙内生藻类（chasmoendolithic algae），并确定了它们定植的基质和生物群落（Bell R. A., 1988）。Hoffmann 将陆生藻类分为土壤（soil）、岩生（lithophytic）、洞穴（cave）、雪地（snow）和冰面（ice）、附生植物（epiphytic）以及附生动物（epizooic）的藻类，其中，石生藻类又分为：表生藻（epiliths，定植于岩石的外部暴露表面）、底生藻（hypoliths，生活在土壤表面或土壤里的岩石下面）、内生藻（endoliths，定植于岩石内部）、裂隙内生藻（chasmoendoliths，定植于与岩石表面相通的裂缝和裂隙）、隐内生藻（cryptoendoliths，定植于多孔岩石内部的结构空腔）、真内生藻 [euendoliths，主动穿透岩石内部，形成与其体型相符的隧道（钻孔生物）]（Hoffmann L., 1989）。

关于气生和石生的争议。一些学者认为"aerophyte"翻译为"气生植物"，多年生草本植物，其生长芽位于地表之上，具有退化的根系，这是一个专业术语，指那些主要在空气中生长而不是在土壤中生长的植物（Galán de Mera M.A., 1999），强调它的非基质生长，完全靠空气生存。事实上完全能在空气中生存的藻类极少，大多是藻类的繁殖器官孢子漂浮在空气中，而不是藻体本身，藻体都是栖息在岩石、墙面、树上等各种附着物上生活。Torrano-Silva 等认为石生藻类（lithophyta）更多是指红藻门珊瑚藻科（Corallinaceae）石叶藻亚科（Lithophylloideae），它们是钙化的红藻，通常生长在海洋环境中，常常形成坚硬的、石灰质的结构，对于珊瑚礁生态系统的形成和维持起着重要作用（Torrano-Silva R. R. B. N. & Oliveira M. C. D., 2014），强调石生藻类为一类本身就能分泌钙质并石化的藻类。更多研究建筑物生物风化的学者多用气生藻类。Komar M. 认为气生藻类的影响迄今为止仅涉及美观和间接的生物劣化（Komar M., 2023）。Mahanandia S. 认为建筑外墙上的气生蓝藻多样性相对高于纪念碑上的蓝藻，这可能是由于基质成分和气候因素暴露的差异所致，纪念碑上的蓝藻具有栖息地特异性，表现为生物膜形式（Mahanandia S., 2023）。

笔者认为，讨论气生藻类的关键是藻类获取水的形式不同，根据水的 3 种存在状态：

汽态、液态和固态，可以考虑将藻类分为气（汽）生藻类、水（液）生藻类和冰（固）生藻类，气生藻类包括土壤藻类、石生藻类、树生藻类和附生藻类等一类主要靠空气中水汽生存的藻类（短期可有液态水，如淋雨时）；水生藻类是指完全在液态水中生存的藻类，如江河湖海中的藻类；冰生藻类是指生活在冰雪里利用固态水的藻类，如冰川里的藻类。气生藻类是比石生藻类更大范畴的概念。而石生藻类根据藻类和岩石的位置关系，可以分为石表生藻（生活在岩石表面）、石嵌生藻（一部分生活在岩石表面，一部分生活在岩石内部）、石内生藻（完全生活在岩石内部）和生石藻（能够分泌矿物质或沉积作用形成岩石）。本书的石生藻类以上 4 种类型都有涉及。

第二节　生物喀斯特的研究

“生物喀斯特（biokarst）”一词是 1977 年由 Schneider J. 提出的，是指由生物引起的喀斯特作用现象及其产物，即生物溶蚀、破坏可溶岩和沉积形成次生化学沉积物的作用及其所遗留或形成的形态（Schneider J., 1977）。这之前 1973 年 Folk R. A. 等提出过“植物喀斯特（phytokarst）”（Folk R. A., 1973），之后 Viles H. A. 等于 1986 年提出过“藻喀斯特（algal karst）”（Viles H. A. et al., 1986）。“生物喀斯特”一词被认为最能概括生物在喀斯特形成过程中所起的作用。

生物喀斯特的研究开始于 19 世纪末至 20 世纪初。Cohn 等于 1862 年将生物成因沉积喀斯特景观与植物当成一个组合来研究（王福星等，1993）。Sollas 在 1880 年认为，碳酸盐岩表面的微小凹坑是地衣对碳酸盐岩的侵蚀造成的，他的研究被认为具有先导性（王福星等,1993）。Paine S. G. 等于 1933 年研究了硫细菌对灰岩建筑的风化作用（Paine S. G. et al., 1933）。Pevalek 于 1935 年在南斯拉夫普里特维钙华区工作时，认为可根据特殊的水流条件和不同的有机体群聚，来对钙华进行分类（Viles H. A. et al., 1990）。20 世纪 60 年代，扫描电子显微镜的出现，促进了生物喀斯特的研究（Jones R. J., 1965；Neumann A. C., 1968；Irion G. et al., 1968；Bathusrt R. G., 1966；Hueck et al., 1968；Pochon J. et al., 1968）。1965 年 Jones R. J. 在英格兰约克郡观察到碳酸盐岩表面的溶痕，认为是生物作用形成的（Jones R. J., 1965）。1968 年 Neumann A. C. 提出生物作用在海岸溶痕（costal karren）形成过程中的重要性（Neumann A. C., 1968）。1968 年 Irion G. 和 Muller G. 首次将植物分类用于钙华分类中，分出藓华、藻华和无机成因占优势的华，认为生物华的结构取决于结壳植物的形态（Irion G. et al., 1968）。20 世纪 70 年代以来，是生物喀斯特研究发展较快的时期，在这一时期，涌现出大量文献。Folk R. A. 等于 1973 年详细地研究了加勒比海卡伊曼岛上的喀斯特地貌，认为该岛上蓝藻对碳酸盐岩进行钻孔而形成黑色、无定向、多孔蜂窝状的生物风化物，是形成高差达 3 m 的石牙的原因，并首次提出植物喀斯特（Folk R. A. et al., 1973）。Golubic S. 在 1973 年和 1975 年认为藻类的生长确定了沉积的总体形态，沉积发生在藻类和藓类生长最好的激流和瀑水处（Golubic S., 1973, 1975），他从生物学的角度论述了蓝藻对碳酸盐岩的沉积和侵蚀的本能，认为碳酸钙的生物沉积和侵蚀作用取决于生物本身的特性及微环境条件的影响（Golubic S. et al., 1975）。Schneider J. 于 1977 年第一次提出“生物喀斯特”一词，认为生物对碳酸盐岩的破坏作用有：石内微生物的生物溶蚀作用（biological corrosion)，为无机溶解作用提供了有效的表面；生物磨蚀作用（biological abrasion)，使碳酸盐岩表面变得松软，经侵蚀破坏而形成的地貌形态称为生物喀斯特（Schneider J., 1977）。1980 年 Moore G. W. 等在美国加利福尼亚州等地研究洞穴月奶石的微生物成因（Moore G. W. et al., 1980）。Danin A. 等在 1982 年根据生物钻孔的深度与生物和降水量的关系总结出一些规律，对生物喀斯特形态进行了定量研究（Danin A. et al., 1982）。Scholl D. W. 和 Taft W. H. 在 1984 年研究了美国加利福尼亚州 Mono 湖的泉华，发现其中有许多蓝藻丝状体和球形体，它们组成了泉华结构与构造的支架，认为其形成与蓝藻有关（Scholl D. W. et al., 1984）；Chafetz H. S. 和 Folk P. L. 在 1984 年认为细菌群体是启动方解石沉积的主要因子（Chafetz H. S. et al., 1984）。Emeis K. C. 等在 1987 年提出地表喀斯特沉积早期阶段，藓类和藻类的生长起着至关重要的作用（Emeis K. C. et al., 1987）。Viles H. A. 在 1987 年和 1988 年将碳酸盐岩表面的藻类，按其与岩石基质的关系，分为 3 种类型：表生型（epilithic）藻类、嵌生型（chasmolithic）藻类、内生型（endolithic）藻类（Viles H. A., 1987，1988a)。她提出生物喀斯特研究的两个基本问题：生物喀斯特地貌是由何种过程在何种条件下产生的？喀斯特地貌及生物风化过程是否有更一般的联系？（Viles H. A., 1984, 1988b, 1995）。 Pentecost A. 等于 1988 年对英国约克郡 Craven 地区的石灰华进行研究时，将石灰华的小形态与其所含的优势微生物结合起来，对石灰华进行分类（Pentecost A. et al., 1988）。Pazdur A. 等在 1988 年将石灰华的剖面结构与所含植物的种类结合起来进行分类，划分出极其多孔的藓华、非层状多孔的高等藻华和层状多孔的蓝藻华等（Pazdur A. et al., 1988）。Viles H. A. 在 1988 年认为蓝藻和其他微生物（尤其细菌）能够直接沉积 $CaCO_3$，也能够通过其生物化学的作用侵蚀这些沉积（Viles H. A., 1988a)。Pentecost A.（1989）和 Rott E.（1991）发现钙华的表面有一层类似于海相潮间带藻席的活层（the living layer)，认为钙华中某些蓝细菌，例如胶须藻属（*Calothrix*）和席藻属（*Phormidium*）对碳酸盐沉积具有某种程度的特定性（specificity)，这就导致蓝细菌的胶质鞘受 $CaCO_3$ 晶体的浸染（impregnation)。Adolphe J. 等在法国 Vitalis 洞、意大利 Toriano 洞研究洞穴边石坝壁上柱形沉积物的细菌成因（王福星等，1993）。Riding R. 在 1991 年认为蓝藻与绿藻和藓类生活在一起时，仅仅只是作为发生多数为无机地表矿物结壳的基层（substrate)，导致厚而一般无结构的钙华沉积，而当蓝藻作为优势群落生长在钙华中时，以其微小的个体和相应的季节生长，可导致层状的钙华沉积，该钙华沉积可命名为钙华叠层石（tufa stromatolites)（Riding R., 1991）。由于叠层石一词被引入钙华成因研究中，为钙华形成中生物作用的深入研究开辟了新方向。最近几年，又涌现出大量关于淡水藻类建造叠层石的文献。其中，Pierre Freytet 和 Eric P. Verrecchia 于 1998 年的综述明确将钙华看成是一种叠层石，分析比较形成钙华叠层石的生物毡（biological felt）和海相或半咸水环境形成叠层石的藻席（mat)，认为前者的分类和结构较后者的复杂（Freytet et al., 1998）。Henry J. 等于 1999 年研究了南极的生物风化，认为石内生微生物的生长是不断的，当其生物量增长达到石内生生境的固着能力时，生物的剥离就发生了，微生物生长的速度与气候有关（Henry J. et al., 1999）。从以上所引述的国外文献可看出，生物喀斯特的研究已有近 150 年的历史，其快速发展的时期是在 20 世纪 70 年代以后。进入 70 年代，生物喀斯特的研究：①更广泛。从陆地到浅海、到河湖，从低纬度到中纬度、到高纬度、到极地，从有光区到黑暗的洞穴。②更深入。从野外到实验室模拟，从宏观到微观，从定性到定量，从表面现象的观察、描述到深入仔细的研究、思考，到与整个喀斯特地貌和环境相结合。

在我国，生物喀斯特的研究开始于20世纪80年代初。邓自强在1982年对广西弄岗自然保护区的植被对喀斯特发育的作用进行了论述（邓自强，1982）。钱凯先和朱浩然于1982年从生物学的角度分析研究了江苏连云港海岸钻钙藻的生态特征，列举了钻钙藻的一些门类（钱凯生和朱浩然，1982）。1985年杨汉奎等在对贵州河成灰华进行研究时，认为$CaCO_3$停积主要靠崖面上的吸附作用（杨汉奎等，1985）。1986年张彦儒等提出“生物石灰华”一词，但未对该词进行解释（张彦儒等，1986）。同年朱德浩认为九寨沟中除长海、季节海外，上百个海子主要是生物喀斯特作用造成的（朱德浩，1986）。吴庆余于1987年通过实验证明藻类生物光合作用对$CaCO_3$的沉积具有明显的影响（吴庆余，1987）。朱学稳于1990年在研究岷山喀斯特地区石灰华形成的各种因素时，提到了“生物效应”（朱学稳等，1990）。1991年，张捷等在国内首次从生物喀斯特学的角度对地衣与喀斯特发育之间的关系进行了研究（张捷等，1991）。1992年和1993年，他又综合前人研究成果，讨论了淡水碳酸盐沉积过程中藻类的钙化、结壳、分泌、同化、成核、捕获和黏结作用，进而提出一种可能的藻类作用——构架作用（shoring effect），并把藻类对喀斯特沉积的作用，划分为“主动作用、被动作用和促进作用”。认为tufa为具有生物构造的、多孔状较疏松的生物型石灰华；travertine为致密，多具良好结晶并成层的结晶型石灰华（张捷，1992, 1993c）。安玉国等于1991年发表了贵州织金洞中滴水沉积物的生物成因研究成果（An Yuguo et al., 1991）。王福星等于1993年首次在国内详细地介绍了生物喀斯特的概念、研究内容和重要意义，为国内生物喀斯特的研究工作奠定了基础。文中提到生物在喀斯特溶蚀和沉积形态形成中有着很重要的作用，它又分为直接作用和间接作用。直接作用是指大量的生物（藻类、真菌、地衣、细菌等）对可溶岩石的溶蚀和钻孔作用（主要通过生物化学作用）以及植物、动物对可溶岩石的破坏作用；间接作用是指生物的新陈代谢或死亡腐烂，为水提供大量的CO_2，提高了水对可溶岩的溶蚀能力（王福星，1993）。1993年包浩生等认为生物喀斯特是碳酸盐岩的可溶性与生物理化作用共同产生的特殊地貌形态及其形成过程，生物作用与流水作用形成的喀斯特地貌迥然不同，具有独特的形态特征（包浩生等，1993）。1993年，张捷对藻类的生物喀斯特溶蚀作用进行了研究，认为“藻类对大尺度的喀斯特侵蚀形态的形成起促进作用，甚至在某些情况下成为可溶岩侵蚀、溶蚀的主要营力。但是由于藻类个体小，呈被状均匀分布于岩石表面，直接溶蚀侵蚀的形态在常规尺度上不能体现，故溶蚀形态仍由其他因素控制（如受岩性因素、重力因素及水流性质等的控制）（张捷，1993a）”。1994年，张捷又对福建永安石林的藻类溶蚀作用进行研究，认为石林表面的生物侵蚀现象十分广泛，成为石林表面侵蚀作用的主要侵蚀营力之一，它不仅可以钻孔，可以导致表面方解石晶屑的脱落，同时还起着对降水等的持水作用（延长对灰岩表面接触的反应时间）和酸化作用（包括生物分泌的各种有机酸及夜间呼吸所释放的CO_2），它绝非限于改造石林表面的微形态，而是参与了石林地貌的形成过程（张捷，1994a）。此后1995年，张捷等还提出“生物喀斯特微形态学”，认为生物喀斯特的主要研究方面是微形态研究，确定岩表覆盖着生的生物类型、生物喀斯特侵蚀形态与生物的组织或器官的关系，以及石生植物的组合类型、分布特征及生态特征对侵蚀作用的可能影响，对于生物喀斯特侵蚀形态的研究具有特别重要的意义（张捷等，1995）。1997年，他还研究了细菌和真菌的喀斯特作用（张捷，1997）。曹建华在1993年认为由于生物对灰岩表面的侵蚀作用，使岩表形成一层生物钻孔溶蚀层，该层的存在，改变了灰岩表面的结构，大大提高了岩表化学溶蚀的有效表面积和降低岩表物理机械强度（曹建华，1993）。他于1996年提出生物喀斯特显微形态是生物、岩石及环境因子三者之间相互作用、相互协调的产物，其组合特征隐含了大量的（生物）喀斯特信息（曹建华，1996）。田友萍等在1996年对喀斯特洞穴弱光带的蓝藻进行研究，认为喀斯特洞穴藻类的显微群落生态现象具有普遍性（田友萍等，1996）。这之后，田友萍等分别于1997年、1998年、2000年又对贵州、四川等地的石灰华景观的形成进行了研究，提出是石灰华体上发育着的多种多样的藻席造就了石灰华体表面多种多样的区域性小形态，是微生物（蓝藻等）的“裂点”附生及沉积控制着石灰华沉积的发生和形成过程，微生物通过与沉积物颗粒紧密结合形成藻席的成层加积和侧向延伸生长，与地形、水文等因素一起共同引导和控制着石灰华景观的形成和发育规模（田友萍等，1997；田友萍等，1998；田友萍等，2000）。2009年刘再华等以及2011年李永新等在对四川黄龙钙华进行研究后，认为蓝藻参与的碳酸盐沉积主要表现在黄龙钙华坝景观的形成过程中，由硅藻参与碳酸盐沉积主要表现在斜坡滩华景观的形成过程中，藻类既能在钙华形成过程中发挥作用，也能侵蚀破坏钙华景观，在长期缺乏岩溶水补给的条件下，藻类对钙华景观的破坏性尤为突出（刘再华等，2009；李永新等，2011）。微藻的碳酸酐酶在石灰岩溶解过程中起重要作用（Xie T. and Wu Y., 2014）。尽管喀斯特并不像珊瑚礁或泥炭沼泽那样是生物成因的，而且碳酸盐溶解可以在无生命条件下发生，但如果没有生物圈，喀斯特地貌就不会形成，生物－非生物相互作用，影响地貌的形成，喀斯特生物地貌学可能还涉及生态位构建（Phillips J. D., 2016）。爱尔兰共和国克莱尔郡的布伦地区的冰川喀斯特景观，石灰岩表面上一系列中尺度、微尺度和纳米尺度溶蚀坑特征的发展，似乎主要源于生物喀斯特作用，许多被冰川侵蚀的石灰岩台地的喀斯特化可能始于酸性土壤覆盖之下，生物土壤过程促进了光滑、圆润的隐喀斯特表面形态的形成（Rosa D. L. and McIlroy J. P., 2016）。土壤微生物和它们产生的酶，在喀斯特地貌形成过程中起重要的作用（Li Q. et al., 2017）。pH变化对微藻生物喀斯特系统碳循环过程有重要影响，生物喀斯特过程在全球碳循环中起重要作用（Xie T. and Wu Y., 2017）。微生物对碳酸盐岩溶蚀作用具有普遍性，微生物岩溶很有可能发生在较广泛的表层岩石范围内，促进碳酸盐岩储层的形成（齐义彬等，2021）。纵观上述文献，虽然生物喀斯特的研究在我国起步较晚，但其基本的理论体系已经在我国得到确立，并且生物喀斯特溶蚀和沉积作用的研究正在逐步深入，得到了长足发展。

第三节　石林生物喀斯特的研究

石林作为我国乃至世界上极为珍贵的典型喀斯特景观，历来为我国及国外喀斯特学者所重视（王飞燕，1982；王雪瑜，1985；王富昌等，1994；王富昌，1998；任美锷等，1983；宋林华等，1997；张寿越，1984；俞锦标等，1983；林钧枢，1997；袁道先，1988；袁道先等，1988），是喀斯特地貌学研究的重要领域。以往研究石林，多从区域地貌、区域地质、区域构造及水文地质角度进行研究，着重于石林宏观形态组合及分布特征，而对于石林表面分布极为广泛、类型众多且特征性非常明显的中小尺度尤其是小尺度乃至“微型”($<10^{-3}$ m)尺度的地貌形态特征，往往也只是从水文水化学等物理化学机制上进行解释。随着生物喀斯特研究的兴起和发展，人们注意到生物对这些喀斯特形态有着十分重要的作用。这里的生物主要是指微生物、藻类、地衣和苔藓等低等生物。其中关于藻类作用的研究尤为突出。1994 年，张捷对福建永安石林藻类溶蚀作用进行研究的文献，是一篇目前出现的涉及石林表面藻喀斯特作用为数不多的文章（张捷，1994a）。后来许多学者也注意到了云南石林气生藻类对石林景观形成的作用（田友萍等，2003；田友萍等，2001；刘春林，2017；田友萍等，2004；梁福源等，2002），有学者在湘西红色碳酸盐岩石林表面观察到了气生藻类的生物喀斯特作用（吴亮君等，2020），云南石林生物喀斯特其他方面的研究还涉及土壤微生物（张平究等，2010）、湖泊藻类（王露，2022；王露等，2022）、藓类及其他高等植物等（谷立立等，2013；徐海清等，2006；崔建武，2006；俞筱押，2006；申家琛等，2017；俞筱押等，2010）。但对于石林表面藻类及藻类群落的详细研究，以及这种藻类及藻类群落与石林溶蚀形态的关系及其成因机制方面的研究，尚属空白，国际上也未见有报道。国际上石生藻类的研究主要集中在普遍的石灰岩生物风化上（Jones R. J., 1965；Matthes-Sears U. et al., 1999；Sajjad W. et al., 2022），虽然这些研究结果一部分也适用于云南石林的生物风化现象（比如钻孔作用），但由于云南石林岩石成分组成具有自己的独特性，其生物风化现象表现出了自身独特的一面，比如由于云南石林极纯的碳酸盐岩，生物群落可以控制部分小形态的形成等（Tian Y. P. et al., 2004）。此外，国际上石生藻类的研究主要还集中在南极（Hidalgo-Arias A. et al., 2023；Coleine C. et al., 2021）、珊瑚（Galindo-Martinez C. T. et al., 2022；Iha C. et al., 2021）、石质文物（Brown G. Z. et al., 2016；Liu X. et al., 2022）和沙漠（Warke P. A., 2022；Irit N. et al., 2023），等等。石林表面的藻类多为气生藻类，生长周期及繁殖速率与水生藻类相比要慢得多，生长于碳酸盐岩岩表的气生藻类还有喜钙性。从藻类学上来说，对这些气生藻类的专门研究也不多见，尚属薄弱环节。

本项研究是结合中国石林研究基金资助项目，以云南石林为研究基地，重点研究石林表面的藻类和藻类群落与石林溶蚀形态的关系和成因机制。旨在从理论上，填补生物喀斯特和藻类学研究在气生藻类与石林溶蚀形态形成关系上的空白。

本书的研究内容包括：云南石林表面藻类的鉴定；云南石林表面藻类的种类组成，优势种类，分布特点，生物学特征；云南石林表面藻类的群落类型及特征；气生藻类对云南石林溶蚀形态形成的作用；云南石林不同片区碳酸盐岩表面的气生藻类比较；云南石林不同岩性碳酸盐岩表面的气生藻类比较。

其创新之处在于：

1）首次对气生蓝藻微群落生态采用定量统计的方法进行研究。目前对气生蓝藻微群落生态的研究工作很少，仅有少量的文献出现（田友萍等，1996，1997，1998，2000a, b），采用定量统计的方法进行研究的就更少，本书是大胆尝试和探索。

2）进一步探索藻类生物侵蚀作用对喀斯特形态形成的作用及影响尺度。研究认为，藻类生物能够影响喀斯特形态乃至喀斯特地貌的形成，这种影响分为直接的和间接的。直接的影响是指藻类生物对喀斯特形态形成的主动控制（控形作用），主要反映在微形态（$<10^{-3}$ m）及小形态（10^{-1} ~ 10^{-3} m）上，分为藻个体控形作用和藻群落控形作用；间接

的影响是指藻类生物对喀斯特形态形成的促进作用，它贯穿于所有喀斯特形态形成的过程中。

3）发现蓝藻门色球藻科一个新种和3个新变种。它们是石林肾胞藻 *Nephrococcus Shilinensis* Tian；红色星球藻大型变种 *Asterocapsa rubra* var. *crassa* Tian；长白山星球藻红色变种 *Asterpcapsa changbaishanensis* var.*rubra* Tian；紫色星球藻小型变种 *Asterocapsa purpurea* var.*minor* Tian。其中，石林肾胞藻是中国特有属——肾胞藻属中至今发现的第二个种。

第二章　云南石林碳酸盐岩表面的气生藻类

石林国家重点风景名胜区，位于云南省石林彝族自治县（原路南彝族自治县），距云南省省会昆明市中心 86 km。地处北纬 24° 30′ ~ 25° 03′，东经 103° 10′ ~ 103° 40′。全县碳酸盐岩出露面积 900 km^2，其中石林分布区面积 350 km^2（云南省风景园林学会地质地貌专业委员会等，1997），主要包括小石林、大石林、乃古石林、李子园箐等石林景区，如图 2-1、图 2-2 所示。

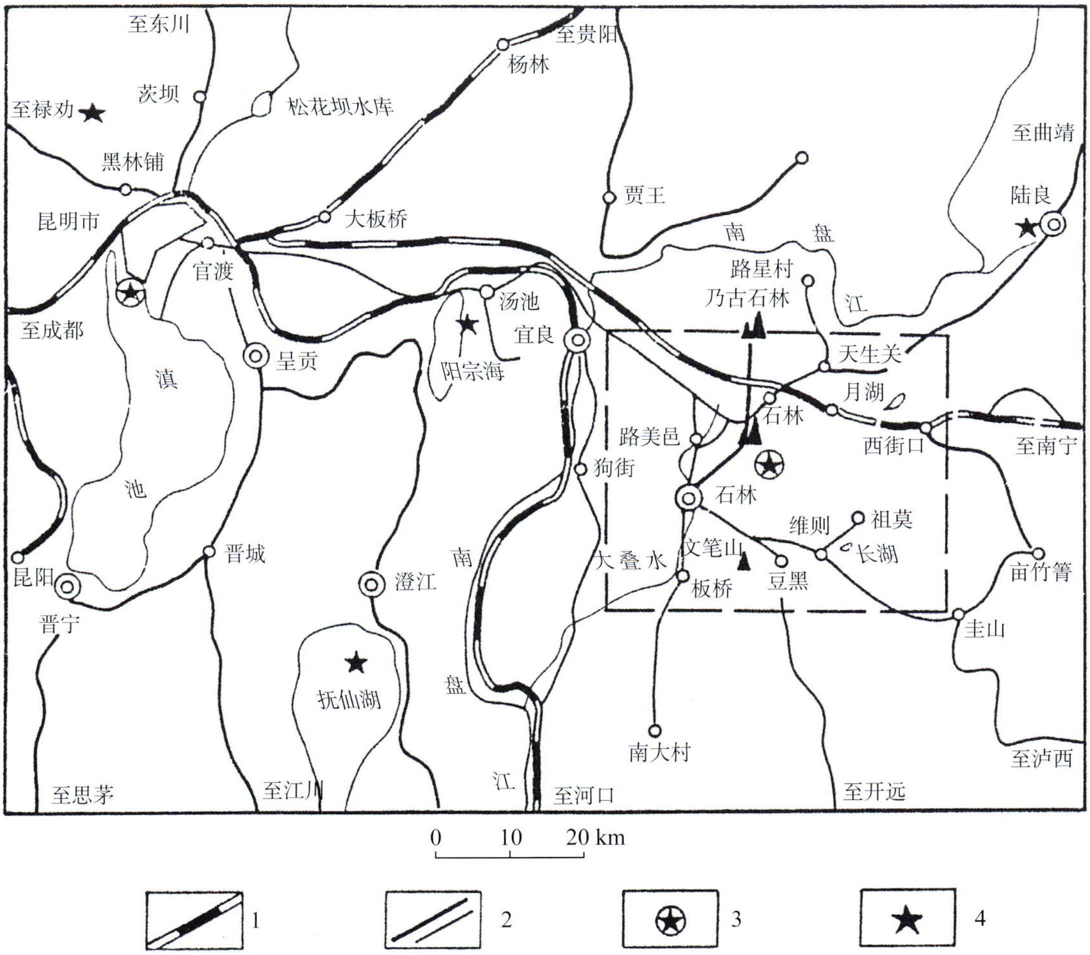

图 2-1　云南省石林地区交通位置示意图

1—铁路；2—国道、省道公路；3—中国国家级风景名胜区；4—云南省省级风景名胜区

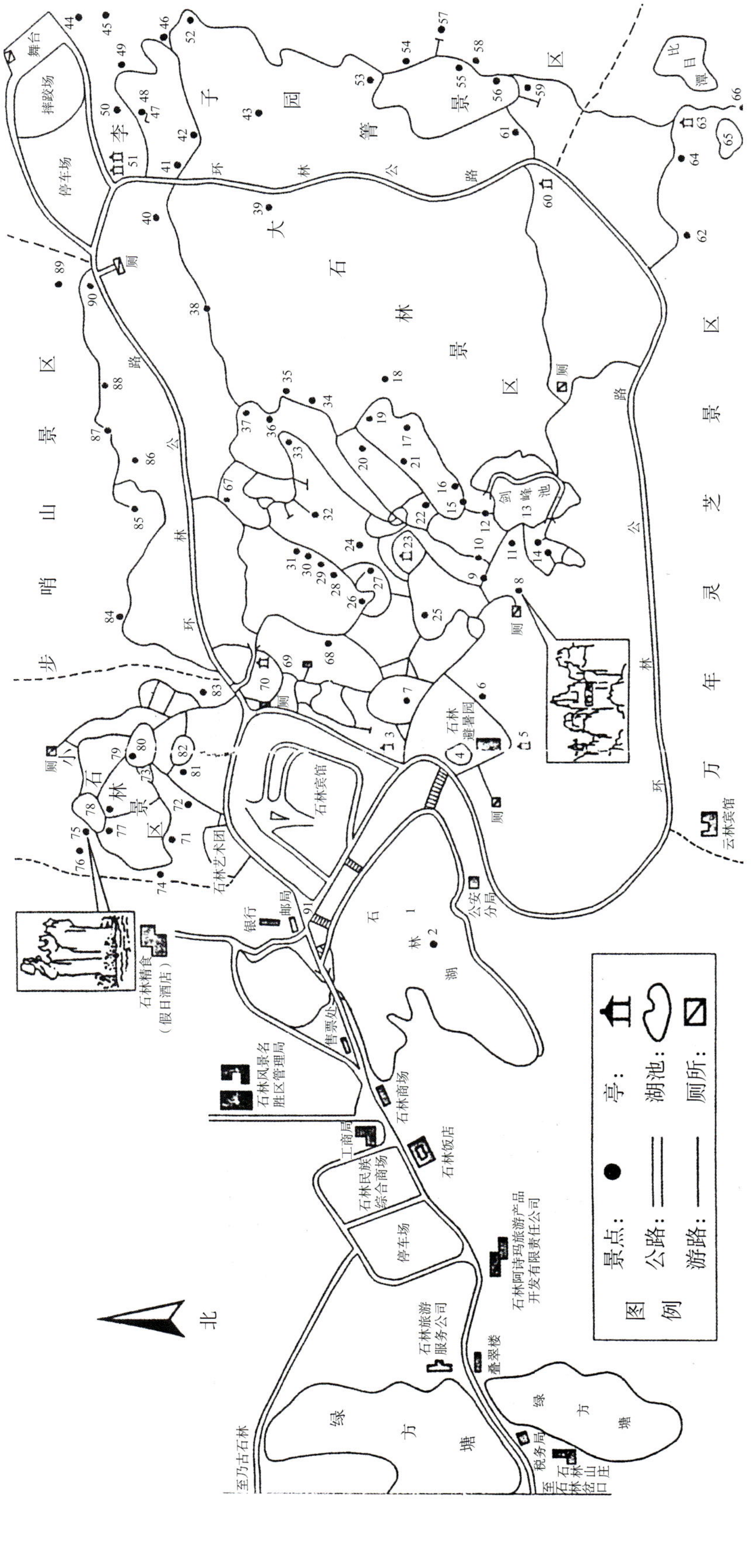

图 2-2　云南省石林风景名胜区景点分布图

石林景区在云南高原的东部，往西为滇中红色高原，往东南过南盘江进入滇东南峰丛洼地喀斯特区。在中国三大阶梯地势中，石林处于第二阶梯面上。此处高原起伏和缓，海拔在 1700 ~ 1950 m 之间。大石林区海拔约 1750 m，乃古石林区海拔约 1820 m。景区内地势东北高西南低，地貌类型有高原丘陵、低山、洼地、石林、石牙原野、峰丛、溶洞和湖泊等。

石林景区是喀斯特发育的典型地段，出露着较纯的碳酸盐岩（照片 1、照片 2）。喀斯特景观主要有石林、峰丛洼地、石牙原野、溶蚀湖等。其中，石林是区内最主要、最典型、最具特色的喀斯特地貌类型。石林是碳酸盐岩在一定条件下，经地下水和地表水共同作用发育而成的，具有一定高度的剑状、锥状、蕈状等形态的石柱与溶痕、溶沟的组合。云南石林以其类型多样，形态多姿，规模巨大，发育历史久远复杂，而集世界各地石林喀

照片 1　大石林剑峰池。珊瑚化石，说明灰岩当时的沉积环境气候温暖，水质清洁，灰岩十分纯

照片 2　大石林。石牙内部有海百合茎化石

斯特之大成，被誉为世界石林喀斯特博物馆。

气候属于温暖潮湿、雨量充沛、阳光充足的亚热带高原气候，具有“冬无严寒、夏无酷暑、四季如春、干湿分明”的特点。夏秋半年为雨季（每年 5 ~ 10 月），冬春半年为旱季（11 月 ~ 次年 4 月）。年平均气温 16.3℃。最热月为 7 月，平均气温 20.8℃；最冷月为 1 月，平均气温 8.2℃。多年平均无霜期 252 d，平均初霜期 11 月 20 日，终霜期 3 月 12 日。年降水量在 800 ~ 850 mm 之间，雨季降水量占全年降水量的 80% ~ 88%；旱季降水量仅占 12% ~ 20%。景区内平均湿度 75%。每年 3 月是景区太阳辐射最大值月，月平均 14.17 kcal❶ /cm^2，最小值月是 11 月，月平均 8.27 kcal/cm^2。历年平均日照时数为 2318 h，日照率 53%。常年主导风向为西南风，次主导风向为南风，平均风速为 3.13 m/s。

景区内的成土母岩主要有：碳酸盐岩类的石灰岩、白云质灰岩、白云岩、泥质灰岩、砂岩、页岩、泥岩和玄武岩等。在气候等因素配合下，形成的土壤类型共有 5 个土类，8 个亚类，13 个土属和 48 个土种。土类包括红壤、黄棕壤、紫色土、冲积土和水稻土。石林地区的土壤主要是红壤、紫色土和水稻土。

石林彝族自治县现有森林覆盖率 36.3%，有林地面积 62194.5 hm^2，灌木丛面积 8565.7 hm^2，疏林地面积 14393.3 hm^2，未成林地面积 1495.3 hm^2。在石林景区缺乏原始森林，现代的植物区系属北极植物区、中国 – 喜马拉雅森林植物亚区、滇中高原亚热带北部常绿阔叶林地带，地带性植被属“滇中、滇东高原半湿润常绿阔叶林、云南松林区”，半湿润常绿阔叶林以滇青冈林和元江栲类林为常绿优势树种，但分布面积最大的是云南松林（暖性针叶林）。石林景区现有的植物群落以长湖一带为代表。长湖植物是人为砍樵停止 20 多年后形成的，由常绿阔叶萌生林、天然云南松林、石灰岩刺柏灌丛和水生植被组成。

石灰岩常绿阔叶萌生灌木林分布于长湖的西北面，由片段常绿阔叶混交林和伐桩萌生形成的灌木状幼年林组成。群落结构以乔木、灌木植物为主体，草本植物不发达，层次过渡不清楚。乔木以滇青冈、长柄润楠、云南木樨榄为主，灌木以铁仔、细柄花椒、竹叶椒、清香木、小叶女贞等为主，草本以长柄薹草、沿阶草、竹叶草、万寿竹等为主。其生活型结构说明石灰岩常绿阔叶萌生灌木林反映了亚热带温暖而较干燥的气候特征。

天然云南松林由近熟林和中年林构成，属天然林。群落结构简单，分层明显，草本植物发达。乔木以滇青冈、滇石栎、云南柞树、云南木樨榄为主，灌木以铁仔、川梨、小叶枸子、长方叶菜木、清香木等为主，草本以白建杆、旱茅、黄背草、刺芒野左草、细柄草等为主。此类结构反映了云南亚热带温暖性针叶林的气候条件和云南松林的次生性特征。

石灰岩刺柏灌丛群落高度 3 ~ 4 m，群落结构简单，分层不明显，以灌木为主体，夹生少量乔木树种。主要为刺柏、滇青冈、清香木、铁仔、长方叶菜木、小叶枸子、云南木樨榄等，草本以黄背草、刺芒野左草、荩草、草河蚕等为主。此反映着滇中高原石灰岩山地亚热带温暖干燥性的气候条件。

长湖的水生植被在云贵高原深水贫养湖中具有相当的代表性。主要优势种为双穗雀稗、狗牙根、芦苇、鸭子草、长湖海菜花、轮藻、黑藻、石龙尾等。

---

❶ 1 cal=4.18J。

此外，石林景区引进一些外来植物，尤以大小石林区为多。

在石林景区所有露头的岩石表面，均覆盖着一层低等植物，如蓝藻、绿藻、金藻、地衣、苔藓和蕨类等，其中，蓝藻的覆盖面积最大，其次为地衣。蓝藻在碳酸盐岩表面，顺着雨水流动的方向扩展，形成一条条黑色带状的外观，称为“墨水带”，或以不同黑色小群落的方式分布和生活在几乎整个碳酸盐岩的表面，使其表现为黑色或灰黑色。

第一节　研究方法

一、样品采集

野外用小刀将岩石表面不同形态的藻类划取，放入盛有4%甘油+4%福尔马林的固定液的采集瓶中（中国科学院青藏高原综合科学考察队，1992），编号，拍照，并对其外观形态进行描述和记下日期、地点，采集范围覆盖整个研究区不同生境和地貌的典型部位。野外共采集藻类标本62件，见表2-1。

表2-1 云南石林藻类标本的野外采集情况

藻类标本号	地点	着生岩石溶蚀形态	野外采集观察
SL-99001	大石林，狮子亭下，路边石上	不规则复杂形态	墨水带，黑粉末，小瘤、皮状
SL-99002	大石林，狮子亭下，路边石上	不规则复杂形态	黑色藻皮
SL-99003	大石林，狮子亭下，路边石上	不规则复杂形态	黑色小球状
SL-99004	大石林，狮子亭下，路边石上	不规则复杂形态	墨水带，主流部分瘤状
SL-99005	大石林，狮子亭下，路边石上	鱼鳞状	墨水带，主流部分蓝绿色藻膜
SL-99006	大石林，狮子亭下，路边石上	不规则复杂形态	墨水带，主流部分墨绿色藻皮
SL-99007	大石林，狮子亭下，路边石上	不规则复杂形态	墨水带边缘，黑色粉末
SL-99008	大石林，狮子亭下，路边石上	球状，半球状，不规则复杂形态，直径0.5 ~ 3 cm	墨水带边缘，黑色粉末
SL-99009	大石林，狮子亭下，路边石上	小坑	墨水带边缘，黑藻壳
SL-99010	大石林，“石林”石刻处	不规则小坑，深5 ~ 6 cm	黑粉末，小斑块
SL-99011	大石林，“石林”石刻处	不规则小坑，深1 ~ 1.5 cm	黑褐色膜状

续表

藻类标本号	地点	着生岩石溶蚀形态	野外采集观察
SL-99012	大石林，"石林"石刻处	土黄色小坑，直径 18 ~ 20 cm，深 5 ~ 6 cm	黑色皮壳状
SL-99013	乃古石林	不规则复杂形态	墨水带主流部分
SL-99014	乃古石林	坑洼，有藓	黑膜、片状
SL-99015	乃古石林	小坑，其顶部和凹陷处色调相同	黑色壳，点状，粉末状
SL-99016	乃古石林	简单形态	墨水带主流部分，淡绿皮状
SL-99017	乃古石林	简单形态	墨水带边缘，黑球状
SL-99018	乃古石林，乃古顶	平行凹槽	黑色斑块
SL-99019	乃古石林，乃古顶	不规则小坑，深 0.6 ~ 4 cm	黑色藻膜
SL-99020	乃古石林，乃古顶向下	小坑	黑色斑块
SL-99021	乃古石林，乃古顶向下	简单形态	黑色粉末
SL-99022	乃古石林，乃古顶向下，小水池边	不规则凹穴	浓黑、黑褐色膜状，深绿色球状
SL-99023	乃古石林，乃古顶向下，小水池边	简单形态	墨水带，浓黑色膜状，球状
SL-99024	乃古石林，乃古顶向下，小水池边	简单形态	墨水带，乌黑色膜状，白色、黄色团块
SL-99025	大石林	鱼鳞状，直径 0.5 ~ 2 cm	藻呈网状，黑褐色粉末状
SL-99026	大石林，"石林"石刻对面，洞中	水平平行小沟槽，其向下的一面有绿色藻膜，直径 0.5 ~ 1 cm	绿色藻膜
SL-99027	大石林，"石林"石刻对面，洞中	向光棘刺状	浅绿色，墨绿色藻
SL-99028	大石林，"石林"石刻对面，洞中	流水处沉积钙华表面，瘤状	浅绿色，墨绿色藻
SL-99029	大石林，"群岩涌翠"石刻岩壁处	不规则小坑	黑色藻膜
SL-99030	大石林，"群岩涌翠"石刻岩壁处	不规则凹穴直径 20 cm，其向下倾面布满许多鱼鳞状小形态直径 1 cm	黑色粉末，散见藻壳
SL-99031	大石林，"石林"石刻对面	较大凹穴，内有半球状小形态	黑色藻膜
SL-99032	大石林，"石林"石刻对面	鱼鳞状小形态	黑色藻壳
SL-99033	大石林，"石林"石刻右侧	不规则凹穴	许多藻壳
SL-99034	大石林，"极狭通人"附近	简单形态	墨水带，主流部分为黑绿色膜状，主流边缘为小球状藻
SL-99035	小石林	简单形态	黑色藻壳

续表

藻类标本号	地点	着生岩石溶蚀形态	野外采集观察
SL-99036	大石林，“林云宾馆”路边	不规则复杂形态	黑色藻壳
SL-99037	大石林东侧，“环林路”路边	不规则复杂形态	黑色粉末遍布整个岩面，散见一些黑色小群落，紧密附着于岩石上
SL-99038	“万年灵芝”旁	不规则凹穴	黑色藻壳
SL-99039	“万年灵芝”路旁	鱼鳞状小形态	黑色藻壳
SL-99040	“万年灵芝”岔路处	球状凹穴，其内部为灰白色物质，外侧为黑色藻类	黑色藻膜
SL-99041	“万年灵芝”岔路处	溶坑	黑色粉末状藻
SL-99042	“万年灵芝”岔路处	溶坑	黑色粉末，壳状藻
SL-99043	大石林东侧，“环林路”路边	不规则复杂形态	黑色藻壳
SL-99044-1	大石林西侧，“环林路”路边	石牙，表面光滑	黑色藻膜
SL-99044-2	大石林，狮子亭下，路边石上	不规则复杂形态	墨水带边，灰黑色壳状藻
SL-99045	大石林，狮子亭下，路边石上	不规则复杂形态	墨水带边，棕黑色粉末状藻
SL-99046	大石林，狮子亭下，路边石上	不规则复杂形态	墨水带边，黑色壳状藻
SL-99047	大石林，狮子亭下，路边石上	半球状凹穴直径 0.2 ~ 1 cm	棕黑色藻壳
SL-99048	大石林，狮子亭下，路边石上	半球状凹穴直径 0.1 ~ 1 cm	炭黑色物质
SL-99049	大石林，狮子亭下，路边石上	不规则凹穴直径 0.5 ~ 4 cm	褐黑色藻
SL-99050	大石林，“石屏风”路旁	盘状小凹穴	烟囱灰状，壳状藻
SL-99051	大石林，中心区上部	大圆坑，其内表面有不规则小坑	黑色藻，剥蚀作用强
SL-99052	大石林，中心区	不规则凹穴	黑色藻膜
SL-99053	大石林，中心区	鱼鳞状小形态	黑色藻壳，易脱落
SL-99054	大石林，中心区	不规则凹穴	墨水带主流部分，黑色藻壳，剥蚀作用强
SL-99055	大石林，中心区	不规则凹穴	墨水带主流右侧，灰黑色藻壳，剥蚀作用强
SL-99056	大石林，中心区	不规则凹穴	墨水带主流左侧，黑色藻壳，剥蚀作用强
SL-99057	大石林，中心区，上一墨水带左侧 2 m 处	不规则凹穴	褐黑色藻

续表

藻类标本号	地点	着生岩石溶蚀形态	野外采集观察
SL-99058	大石林，中心区，上一墨水带左侧 3 m 处	鱼鳞状，较深	褐黑色藻
SL-99059	大石林，“剑峰池”路上	溶坑，有积水	墨绿色藻膜
SL-99060	大石林，“剑峰池”边	不规则复杂形态	黑色藻膜
SL-99061	大石林，“剑峰池”边	溶坑，有积水	肉红色藻
SL-99062	大石林，“望峰亭”下	不规则复杂形态	褐红色藻，刮下后，里面呈绿色

野外对具有典型溶蚀形态的岩石，拍照，并用地质锤将其敲下，编号。野外共采集岩石标本 46 件，见表 2–2。

表 2–2　云南石林岩石标本的野外采集情况

岩石标本号	采集地
Y-99001	大石林
Y-99002	大石林
Y-99003	大石林
Y-99004	乃古石林
Y-99005	乃古石林（照片 3）
Y-99006	乃古石林
Y-99007	乃古石林（照片 90）
Y-99008	乃古石林（照片 7、照片 8）
Y-99009	大石林（照片 6）
Y-99010	大石林
Y-99011	大石林（照片 4）
Y-99012	大石林（照片 33、照片 97）
Y-99013	大石林（照片 118）
Y-99014	万年灵芝（照片 115）
Y-99015	万年灵芝（照片 124）
Y-99016	万年灵芝（照片 72）
Y-99017	万年灵芝（照片 76）
Y-99018	李子园箐
Y-99019	李子园箐
Y-99020	大石林
Y-99021	大石林（照片 86）
Y-99022	大石林（照片 120）

续表

岩石标本号	采集地
Y-99023	大石林（照片 121）
Y-99024	大石林
Y-99025	大石林（照片 128）
Y-99026	大石林（照片 5、照片 73）
Y-99027	大石林（照片 9、照片 10）
Y-99028	大石林
Y-99029	乃古石林
Y-99030	乃古石林
Y-99031	大石林，望峰亭
Y-99032	乃古石林
Y-99033	李子园箐
Y-99034	乃古石林，八仙亭
Y-99035	李子园箐
Y-99036	李子园箐
Y-99037	大石林
Y-99038	大石林
Y-99039	大石林
Y-99040	大石林
Y-99041	大石林
Y-99042	大石林
Y-99043	大石林
Y-99044	大石林
Y-99045	大石林
Y-99046	大石林

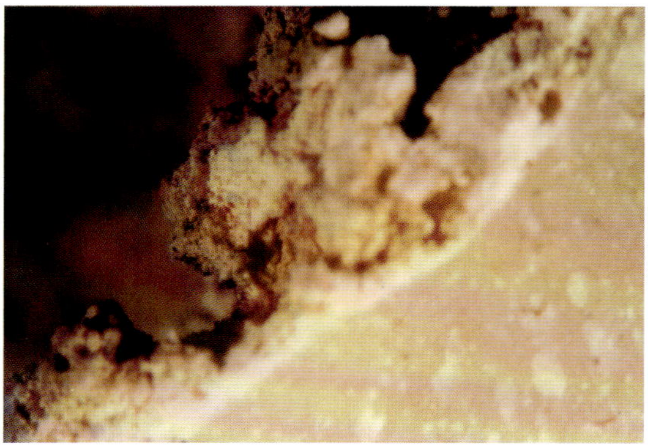

照片 3　乃古石林。碳酸盐岩纵剖面的疏松多孔层 [Y-99005]

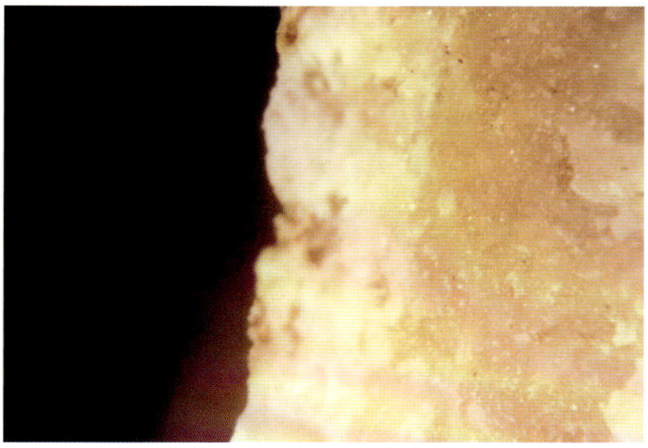

照片 4　大石林。碳酸盐岩纵剖面的灰白色疏松多孔层 [Y-99011]

照片 5　大石林。碳酸盐岩表面溶穴内部的灰白色疏松多孔层 [Y-99026]

照片 6　大石林。碳酸盐岩纵剖面，藻类深入到岩石中，有的还生活在岩石内部 [Y-99009]

照片 7　乃古石林。碳酸盐岩表面藻类群落干缩时的情况，与照片 8 对比，颜色为黑色面积较少的灰黑色 [Y-99008]

照片 8　乃古石林。碳酸盐岩表面藻类群落遇水，吸水膨胀，其膨胀体积能达到紧缩时的 3 ~ 6 倍，与照片 7 对比，颜色为黑色面积较多的浓墨色 [Y-99008]

照片 9　大石林。碳酸盐岩表面藻类群落干缩时的情况，与照片 10 对比，颜色为灰黑色 [Y-99027]

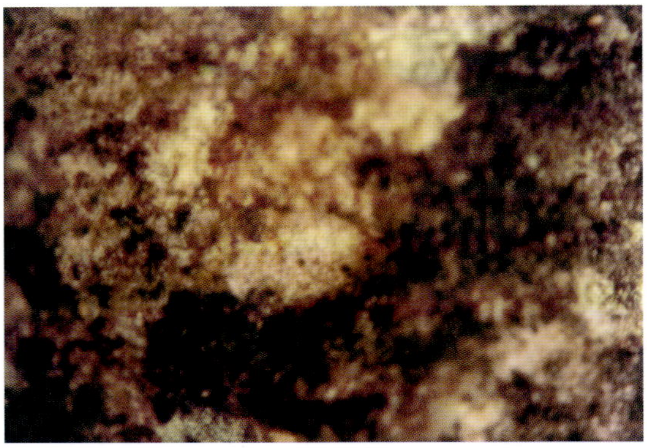

照片 10　大石林。碳酸盐岩表面藻类群落遇水，吸水膨胀，其膨胀体积能达到紧缩时的 3 ~ 6 倍，与照片 9 对比，颜色加深为浓墨色 [Y-99027]

二、室内样品鉴定、统计与分析

室内将藻类标本从采集瓶中取出，置于体视显微镜下，观察蓝藻群落的大小、形态和色泽。用解剖针解剖蓝藻群落。所用仪器：体视显微镜（XTB-01 型，OHOZ，790636，南京大学 No.791778）。

将上述于体视显微镜下解剖到的蓝藻群落取出，放到载玻片上，盖上盖玻片，制成显微薄片（简称微片）。将微片于生物显微镜下观察，鉴定藻类（Desikachary T. V., 1959；Geitler L., 1932；Peterwolk C., 1980；Carr N. G. et al., 1973；福迪，1980；中国科学院青藏高原综合科学考察队，1992；胡鸿钧等，1980，2006；李尧英，1980；朱浩然，1991），弄清楚蓝藻的群落结构，并选取典型藻类拍照。

对藻类进行统计：

1）体积相对数（相对生物量）。对每张微片中每一种藻类占该微片中总藻类体积（在微片中，每一种藻类占该微片的面积越大，则该种藻类的体积越大）的百分数进行目测，即得该种藻类在该微片中的体积目测百分数。将研究区所有微片中相同藻类的体积目测百分数相加，即得该研究区该种藻类的体积相对数。藻类的体积相对数，反映了该种藻类在该研究区的相对生物量，它并不代表实际的体积数，而是一个目测的相对数值，只具有比较意义。

2）出现相对次数。一种藻类出现于一张微片中，认定为该种藻类在研究区出现一次，则同一种藻类出现于多张微片中的微片数，为该种藻类在研究区的出现相对次数。

某种藻类的体积相对数（相对生物量）与出现相对次数越大，则该种藻类在生物喀斯特作用中贡献越大，为该藻类群落的优势种。

室内共制备藻类微片 253 张，每张微片中各藻类的体积目测百分数，见附表。所用仪器：生物显微镜（OLYMPUS，BH-2，JAPAN，220/240V ～，50 ～ 60Hz，0.20/0.18A，南京大学 No.82075）。

将部分岩石标本进行化学成分分析，结果如表 2-3 所列：

表 2-3　云南石林部分岩石标本化学成分分析检测结果

岩石标本号	化学成分质量分数 /%												CaO/MgO
	SiO_2	TiO_2	Al_2O_3	Fe_2O_3	MnO	MgO	CaO	Na_2O	K_2O	P_2O_5	SO_3	LOI 烧失量	
990001	0.06	0.01	0.05	0.14	0.01	0.22	54.77	0.05	0.01	0.01	0.02	44.10	248.95
990003	0.10	0.01	0.02	0.01	0.01	0.18	54.91	0.05	0.01	0.02	0.01	44.06	305.05
990004	0.07	0.01	0.03	0.29	0.04	19.38	32.66	0.07	0.01	0.01	0.02	47.06	1.69
990006	0.01	0.01	0.01	0.07	0.01	6.92	46.76	0.06	0.02	0.01	0.02	45.28	6.76
990007	0.07	0.01	0.04	0.12	0.01	0.55	53.76	0.05	0	0.01	0.01	44.56	97.74
990008	0.06	0.01	0.01	0.35	0.03	13.9	38.59	0.05	0.01	0.03	0.02	46.80	2.78
990010	0.09	0.01	0.05	0.15	0.01	0.29	54.40	0.05	0	0.01	0.02	44.18	187.59
990011	0.15	0.01	0.01	0.20	0.02	0.18	54.25	0.05	0	0.01	0.02	44.17	301.39

续表

岩石标本号	化学成分质量分数/%												CaO/MgO
	SiO_2	TiO_2	Al_2O_3	Fe_2O_3	MnO	MgO	CaO	Na_2O	K_2O	P_2O_5	SO_3	LOI 烧失量	
990012	0.27	0.01	0.02	0.13	0.01	0.28	54.32	0.07	0.01	0.02	0.02	43.93	194
990013	0.01	0.01	0.01	0.04	0.01	0.24	55.79	0.05	0.01	0.03	0.01	43.75	232.46
990015	0.08	0.01	0.07	0.05	0.01	0.16	55.51	0.05	0.01	0.01	0.02	44.00	346.94
990016	0.01	0.01	0.02	0.05	0.01	0.24	54.54	0.05	0.02	0.01	0.02	44.08	227.25
990017	0.16	0.01	0.01	0.29	0.01	0.26	54.12	0.05	0	0.01	0.01	44.21	208.15
990018	0.11	0.01	0.04	0.07	0.03	0.13	55.27	0.05	0.01	0.01	0.02	43.60	425.15
990019	0.13	0.01	0.06	0.07	0.01	0.30	54.66	0.05	0	0.01	0.02	44.16	182.2
990021	0.12	0.01	0.05	0.09	0.01	0.28	54.65	0.05	0	0.01	0.02	44.08	195.18
990023	0.04	0.01	0.03	0.10	0.01	0.23	55.05	0.05	0.01	0.01	0.03	43.70	239.35
990024	14.33	0.01	0.03	0.15	0.01	0.26	48.40	0.05	0.01	0.02	0.02	36.64	186.15
990025	0.02	0.01	0.03	0.13	0.01	0.36	54.45	0.05	0.01	0.01	0.04	44.10	151.25
990027	0.16	0.01	0.06	0.03	0.01	0.24	55.07	0.05	0.01	0.01	0.03	43.38	229.46

第二节　云南石林碳酸盐岩表面气生藻类的种类及特征

一、气生藻类的种类组成

在石林景区野外考察中，经常见到岩石表面长满黑色藻类植物，其中 95% 以上的藻类是蓝藻。这些生长在干燥岩石上的蓝藻，属于典型的气生藻类。云南石林碳酸盐岩表面分布着大量的气生蓝藻，主要原因是：①云南石林一带，属于温暖潮湿、阳光充足的亚热带高原气候，十分有利于气生藻类的生长。②典型的石林喀斯特景观，分布有大量较纯的碳酸盐岩，岩石成分 CaO 含量均在 50% 以上，有利于偏爱钙质和生活在硬水或石灰石基质上的藻类生长。③蓝藻作为一类早在 30 亿年前就出现的原核生物，具有极广泛的适宜性。它在世界任何地方都有出现，从两极到赤道，在冰山，热泉，深海，荒芜的岩石上都能生存。④蓝藻的原生质比其他藻类和高等植物的原生质浓厚，它是胶质的，不流动，也很少含有具水溶液的液泡；蓝藻的原生质很容易失水，但吸水后又恢复原状，只要有短时间的供水就能生活（福迪，1980）。这些性质使蓝藻最有可能生活在像岩石表面这样干燥无土的地方，它首先在岩石上形成有机质，风化岩石，使后来生物的生活成为可能。

显微鉴定表明，云南石林碳酸盐岩表面气生藻类，主要为蓝藻门蓝藻纲的属种，共 4 目 11 科 31 属 188 种，其中，发现一新种（石林肾胞藻 *Nephrococcus Shilinensis* Tian）和三个新变种（红色星球藻大型变种 *Asterocapsa rubra* var.*crassa* Tian、长白山星球藻红色变种 *Asterocapsa changbaishanensis* var.*rubra* Tian 、紫色星球藻小型变种 *Asterocapsa purpurea* var.*minor* Tian）。除蓝藻门外，其他还见有绿藻、金藻等门类的属种以及细菌、真菌、地衣、苔藓和蕨类等低等生物。本书主要研究分布最广、对石林景观最有影响的蓝藻，书中的气生藻类主要是指气生蓝藻。石林蓝藻名录见表 2-4，通过名录可以看出，云南石林碳酸盐岩表面的蓝藻种类是十分丰富的，说明石林一带的自然生态环境非常好。

表 2-4　云南石林碳酸盐岩岩表着生的气生蓝藻名录*

蓝藻门 Cyanophyta
　蓝藻纲 Cyanophyceae
　　色球藻目 Chroococcales
　　　色球藻科 Chroococaceae
　　　　微囊藻属 *Microcystis* Kützing

　　　　　翠绿微囊藻 *Microcystis viridis* (A.Br.)Lemm
　　　　　边缘微囊藻 *Microcystis marginata* (Menegh.)Kütz.
　　　　　层片微囊藻 *Microcystis lamelliformis* Holsinger
　　　　　旱生微囊藻 *Microcystis orissica* West W.
　　　　　寄生微囊藻 *Microcystis parasitica* Kütz.
　　　　　紫色微囊藻 *Microcystis amethystina* (Filase)Forti
　　　　　微小微囊藻 *Microcystis minutissima* West W.
　　　　　不定微囊藻 *Microcystis incerta* Lemm
　　　　　坚实微囊藻 *Microcystis filrma* Schmidie
　　　　　密集微囊藻 *Microcystis densa* West G.S.
　　　　　棕黄微囊藻 *Microcystis fusco-lutea* (Hansg)Forti
　　　　　尘埃微囊藻 *Microcystis pulverea* Forti

　　　　色球藻属 *Chroococcus* Nag.

　　　　　膨胀色球藻 *Chroococcus turgidus* (Kütz.)Nag.
　　　　　束缚色球藻 *Chroococcus tenax* (Kirchn)Hieron
　　　　　微小色球藻 *Chroococcus minutus* (Kütz.)Nag.
　　　　　小型色球藻 *Chroococcus minor* (Kütz.)Nag.
　　　　　极小色球藻 *Chroococcus minimus* (Keissler)Lemm
　　　　　山地色球藻 *Chroococcus montanus* Hansgirg
　　　　　黏连色球藻 *Chroococcus cohaerens* (Breb.)Nag.
　　　　　栖石色球藻 *Chroococcus lithophilus* Ercegovic
　　　　　厚膜色球藻 *Chroococcus turicensis* (Nag.)Hansg
　　　　　膜状色球藻 *Chroococcus membraninus* (Menegh.)Nag.
　　　　　瑞士色球藻 *Chroococcus helveticus* Nag.
　　　　　沥青色球藻 *Chroococcus bituminosus* (Bory)Hansg

　　　　黏球藻属 *Gloeocapsa* Kützing

　　　　　胶质黏球藻 *Gloeocapsa gelatinosa* Kütz.
　　　　　点形黏球藻 *Gloeocapsa punctata* Nag.
　　　　　黑色黏球藻 *Gloeocapsa atrata* (Turp.)Kütz.
　　　　　蓝色黏球藻 *Gloeocapsa livida* (Carm.)Kütz.
　　　　　黑紫黏球藻 *Gloeocapsa nigrescens* Nag.
　　　　　晶粒黏球藻 *Gloeocapsa crepidinum* Thuret
　　　　　石生黏球藻 *Gloeocapsa rupestris* Kütz.
　　　　　皮色黏球藻 *Gloeocapsa dermochroa* Nag.
　　　　　滴岩黏球藻 *Gloeocapsa stegophila* (Itzigs.)Rabenh.
　　　　　滴岩黏球藻大型变种 *Gloeocapsa stegophila* var.*crassa* Rao C.B.

四体黏球藻 *Gloeocapsa quaternata* (Breb.)Kütz.
捏团黏球藻 *Gloeocapsa magma* (Breb.)Kütz.
喙突黏球藻 *Gloeocapsa coracina* Kütz.
稠密黏球藻 *Gloeocapsa compacta* Kütz.
山地黏球藻 *Gloeocapsa montana* Kütz.
颗粒黏球藻 *Gloeocapsa granosa* (Berk.)Kütz.
巨大黏球藻 *Gloeocapsa gigas* W.et G.S. West
枯萎黏球藻 *Gloeocapsa deusta* (Menegh.)Kütz.
梭形黏球藻 *Gloeocapsa shuttleworthiana* Kütz.
高山黏球藻 *Gloeocapsa alpina* (Nag.)Brand
薄膜黏球藻 *Gloeocapsa crepidium* Thur.
小黏球藻 *Gloeocapsa minutula* Gardner
铜绿黏球藻 *Gloeocapsa aeruginosa* Kütz.
黏黑黏球藻 *Gloeocapsa bituminosa* Kütz.
拉氏黏球藻 *Gloeocapsa Ralfsiana* Kütz.
依氏黏球藻 *Gloeocapsa Itzigsohnii* Bornet
血色黏球藻 *Gloeocapsa sanguinea* (Ag.) Kütz.

黏杆藻属 *Gloeothece* Nag.

棕黄黏杆藻 *Gloeothece fusco-lutea* Nag.
红被黏杆藻 *Gloeothece rhodochlamys* Skuja
岩生黏杆藻 *Gloeothece rupestris* (Lyngb.)Bornet
褐黑黏杆藻 *Gloeothece ustulata* Brck-Mannag
褐黑黏杆藻小型变种 *Gloeothece ustulata* var.*minor* Chu et Liu

隐球藻属 *Aphanocapsa* Nag.

美丽隐球藻 *Aphanocapsa pulchra* (Kütz.)Rabenh.
库氏隐球藻 *Aphanocapsa Koordersi* Strom
细小隐球藻 *Aphanocapsa elachista* W.et G.S.West
细巧隐球藻 *Aphanocapsa delicatissima* W.et G.S.West
巴拉里隐球藻 *Aphanocapsa banaresensis* Bharadwaja
二型隐球藻 *Aphanocapsa biformis* A.Br.
格氏隐球藻 *Aphanocapsa Grevillei* (Hass.)Rabenh.
山地隐球藻 *Aphanocapsa montana* Cramer
山地隐球藻小型变种 *Aphanocapsa montana* var.*micrococcus* Cramer
土栖隐球藻 *Aphanocapsa muscicola* (Menegh.)Wille
塞斯西雅隐球藻 *Aphanocapsa sesciacensis* Fremy
植内隐球藻 *Aphanocapsa endophytica* G.M.Smith
绿色隐球藻 *Aphanocapsa virescens* Rabenh.

隐杆藻属 *Aphanothece* Nag.

栖石隐杆藻 *Aphanothece saxicola* Nag.
卡氏隐杆藻 *Aphanothece Castagnei* (Breb.)Rabenh.
纳氏隐杆藻 *Aphanothece Naegelii* Wartm
微小隐杆藻 *Aphanothece microscopica* Nag.
微孢隐杆藻 *Aphanothece microspora* (Menegh.)Rabenh.

集胞藻属 *Synechocystis* Nag.

水生集胞藻 *Synechocystis aquatilis* Sauv.
皮氏集胞藻 *Synechocystis Pevalekii* Ercegovic
大型集胞藻 *Synechocystis crassa* Woronichin
极小集胞藻 *Synechocystis minuscula* Woron.

腔球藻属 *Coelosphaerium* Nag.

居氏腔球藻 *Coelosphaerium Kuetzingianum* Nag.

不定腔球藻 *Coelosphaerium dubium* Grunow

束球藻属 *Gomphosphaeria* Kützing

圆胞束球藻 *Gomphosphaeria aponina* Kütz.
圆胞束球藻多层变种 *Gomphosphaeria aponina* var. *multiplex* Nygaard

星球藻属 *Asterocapsa* Chu

长突星球藻 *Asterocapsa longipapilla* Liu
透明星球藻 *Asterocapsa hyalina* Chu
黑色星球藻 *Asterocapsa atrata* H.W.Liang
红色星球藻 *Asterocapsa rubra* C.Z.Wang
红色星球藻大型变种 *Asterocapsa rubra* var.*crassa* Tian
长白山星球藻 *Asterocapsa changbaishanensis* C.Z.Wang
长白山星球藻红色变种 *Asterocapsa changbaishanensis* var.*rubra* Tian
紫色星球藻 *Asterocapsa purpurea* Chu
紫色星球藻小型变种 *Asterocapsa purpurea* var.*minor* Tian
球纹星球藻 *Asterocapsa trochiscioides* Chu

肾胞藻属 *Nephrococcus* Y.Y.Li

石林肾胞藻 *Nephrococcus Shilinensis* Tian

石囊藻科 Entophysalidaceae

平盘藻属 *Placoma* Schousboe

泡状平盘藻 *Placoma vesiculosa* Schousboe
紫色平盘藻 *Placoma violacea* S.et G.

绿胶藻属 *Chlorogloea* Wille

微孢绿胶藻 *Chlorogloea microcystoides* Geitler
佛氏绿胶藻 *Chlorogloea Fritschii* Mitra

管胞藻目 Chamaesiphonales

管胞藻科 Chamaesiphonaceae

管孢藻属 *Chamaesiphon* A.Br.et Gurnow

铁锈管孢藻 *Chamaesiphon ferrugineus* F.E.Fritsch
果实管孢藻 *Chamaesiphon carpaticus* Starmach
多形管孢藻 *Chamaesiphon polymorphus* Geitler

皮果藻科 Dermocarpaceae

皮果藻属 *Dermocarpa* Crouan

棒状皮果藻 *Dermocarpa clavata* (Setchell et Gardner)
玫瑰红皮果藻 *Dermocarpa rosea* (Reinsch)Batters

厚皮藻科 Pleurocapsaceae

厚皮藻属 *Pleurocapsa* Thur.

煤黑厚皮藻 *Pleurocapsa fuliginosa* Hauck.

宽球藻目 Pleurocapsales

宽球藻科 Pleurocapsaceae

黏囊藻属 *Myxosarcina* Printz.

美丽黏囊藻 *Myxosarcina spectabilis* Geitler
缅甸黏囊藻 *Myxosarcina burmensis* Skuja
康氏黏囊藻 *Myxosarcina Concinna* Printz.
拟色球黏囊藻 *Myxosarcina chroococcoides* Geitler

蓝枝藻科 Hyellaceae

异球藻属 *Xenococcus* Thuret

客氏异球藻 *Xenococcus Kerneri* Hansg.
舍氏异球藻 *Xenococcus Schousboei* Thur.

蓝枝藻属 *Hyella* Born.et Flah.

朱氏蓝枝藻 *Hyella Jurana* Chodat

念珠藻目 Nostocales

颤藻科 Oscillatoriaceae

颤藻属 *Oscillatoria* Vaucher

次裂隙颤藻 *Oscillatoria subbrevis* Schmidle
美丽颤藻 *Oscillatoria formosa* Bory ex Gomont
多育颤藻 *Oscillatoria prolifica* (Grev.)Gomont

席藻属 *Phormidium* Kützing

软席藻 *Phormidium molle* (Kütz.)Gomont
纤细席藻 *Phormidium tenue* (Menegh.)Gomont
栖石土席藻 *Phormidium rubroterricola* Gardner
东方席藻 *Phormidium orientale* West G.S.

鞘丝藻属 *Lyngbya* Ag.

拉氏鞘丝藻 *Lyngbya Lachneri* (Zimmermann)Geitler
多管鞘丝藻 *Lyngbya polysiphoniae* Fremy
栖藓鞘丝藻 *Lyngbya mucicola* Lemmermann
湖泊鞘丝藻 *Lyngbya limnetica* Lemmermann
希氏鞘丝藻 *Lyngbya Hieronymusii* Lemmermann
卡氏鞘丝藻 *Lyngbya Kashyapii* Ghose
锡兰鞘丝藻 *Lyngbya ceylanica* Wille
联结鞘丝藻 *Lyngbya connectens* Bruhl et Biswas
美丝鞘丝藻 *Lyngbya perelegans* Lemm
黄色鞘丝藻 *Lyngbya lutea* (Ag.)Gomont
栖霞鞘丝藻 *Lyngbya digueti* Gomont
紫管鞘丝藻 *Lyngbya porphyrosiphonis* Fremy
巨大鞘丝藻 *Lyngbya majuscula* Harvey ex Gomont
丝状鞘丝藻 *Lyngbya confervoides* G.Ag.ex Gomont
黑色鞘丝藻 *Lyngbya nigra* G.Ag.ex Gomont
红网鞘丝藻钙质变种 *Lyngbya martensiana* var.*calcarea* Tilden
亚丝鞘丝藻 *Lyngbya subconfervoides* Borge

裂须藻属 *Schizothrix* Kützing

笔状裂须藻 *Schizothrix penicillata* (Kütz.)Gomont
沙生裂须藻 *Schizothrix arenaria* (Berk.)Gomont
易脆裂须藻 *Schizothrix fragilis* (Kütz.)Gomont
玉红裂须藻 *Schizothrix rubra* (Menegh.)Gom.
细叶裂须藻 *Schizothrix mascarenica* Gom.
莱氏裂须藻 *Schizothrix Lenormandiana* Gomont
珀氏裂须藻 *Schizothrix Purcellii* Taylor
着色裂须藻 *Schizothrix tinctoria* Gomont
霍氏裂须藻 *Schizothrix Heufleri* Grun.

链鞘藻属 *Sirocoleus* Kützing

库氏链鞘藻 *Sirocoleus Kurzii* (Zeller)Gomont

微鞘藻属 *Microcoleus* Desmazieres

原型微鞘藻 *Microcoleus chthonoplastes* Thuret ex Gomont
红紫微鞘藻 *Microcoleus purpureus* Gardner

念珠藻科 Nostocaceae

念珠藻属 *Nostoc* Vaucher

点形念珠藻 *Nostoc punctiforme* (Kütz.)Hariot
林氏念珠藻 *Nostoc Linckia* (Roth)Bornet ex Born.et Flah.
池生念珠藻 *Nostoc piscinale* Kützing ex Born.et Flah.
椭孢念珠藻 *Nostoc ellipsosporum* (Desm.)Rabenh.ex Born.et Flah.
喜钙念珠藻 *Nostoc calcicola* Brebisson ex Born.et Flah.
普通念珠藻 *Nostoc commune* Vaucher ex Born.et Flah.
裂褶念珠藻 *Nostoc verrucosum* Vaucher ex Born.et Flah.
哈氏念珠藻 *Nostoc Hatei* Dixit
小型念珠藻 *Nostoc minutum* Desm
莉氏念珠藻 *Nostoc Letestui* Fremy
埃哥念珠藻 *Nostoc elgonense* Naum.
浮游念珠藻 *Nostoc planctonicum* W.Poretzky et Tschernow

伪枝藻科 Scytonemataceae

伪枝藻属 *Scytonema* Ag.

伯氏伪枝藻 *Scytonema bohneri* Schmidle
弗氏伪枝藻 *Scytonema Fritschii* Ghose
有须伪枝藻 *Scytonema stuposum* (Kützing)Bornet ex Born.et Flah.
米氏伪枝藻 *Scytonema Millei* Bornet ex Born.et Flah.
缅甸伪枝藻 *Scytonema burmanicum* Skuja
爪哇伪枝藻 *Scytonema javanium* (Kützing)Bornet ex Born.et Flah.
盐生伪枝藻印度变种 *Scytonema salayeriense* var.*indica* Bharadwaja
帕氏伪枝藻 *Scytonema pascheri* Bharadwaja
膨胀伪枝藻 *Scytonema dilatatum* Bharadwaja
眼点伪枝藻 *Scytonema ocellatum* Lyngb.
多枝伪枝藻 *Scytonema multiramosum* Gardner
拟单歧伪枝藻 *Scytonema tolypothrichoides* Kütz.
马拉维伪枝藻 *Scytonema malaviyaensis* Bharadwaja
盖氏伪枝藻 *Scytonema Geitleri* Bharadwaja
皮壳伪枝藻 *Scytonema crustaceum* Ag.
蝇色伪枝藻 *Scytonema myochrous* (Dillw.)Ag.
纤细伪枝藻 *Scytonema tenellum* Gardner

单歧藻属 *Tolypothrix* Kützing

纽曲单歧藻 *Tolypothrix distorta* Kütz.
易碎单歧藻 *Tolypothrix fragilis* (Gardn.)Geitler
亚麻色单歧藻 *Tolypothrix byssoidea* (Berk.)Kirchn.
亚麻色单歧藻岩生变种 *Tolypothrix byssoidea* f.*saxicola*
立氏单歧藻 *Tolypothrix Rechingeri* (Wille)Geitler
黏附单歧藻着色变种 *Tolypothrix conglutinata* var.*colorata* Ghose
福氏单歧藻 *Tolypothrix Foreauii* Fremy
埃氏单歧藻 *Tolypothrix Elenkinii* Hollerb.

翅线藻属 *Petalonema* Berk.

内卷翅线藻 *Petalonema involvens* (A.Br.)Migula

胶须藻科 Rivulariaceae

眉藻属 *Calothrix* Ag.

棕色眉藻 *Calothrix fusca* (Kütz.)Bornet et Flahault
墙壁眉藻 *Calothrix parietina* Thuret ex Born.et Flah.
弗氏眉藻 *Calothrix Flahaultii* Fremy
胶须藻属 *Rivularia* (Roth.)Ag.
黑色胶须藻 *Rivularia atra* Roth.

* 本名录是根据 Desikackary 于 1959 年所著的 *Cyanophyta* 一书中的分类系统编排的。

二、气生藻类的优势种类及分布特点

气生藻类的体积相对数和出现相对次数，见表 2-5：

表 2-5 云南石林碳酸盐岩表面气生藻类体积相对数和出现相对次数 *

序号	结果	体积相对数	出现相对次数	序号	结果	体积相对数	出现相对次数
1	笔状裂须藻 *Schizothrix penicillata*	110.2	40	17	滴岩黏球藻大型变种 *Gloeocapsa stegophila* var.*crass*	50	10
2	边缘微囊藻 *Microcystis marginata*	96	200	18	普通念珠藻 *Nostoc commune*	76	50
3	伯氏伪枝藻 *Scytonema bohneri*	1090	230	19	点形念珠藻 *Nostoc punctiforme*	10	10
4	薄膜黏球藻 *Gloeocapsa crepidium*	3	20	20	点形黏球藻 *Gloeocapsa punctata*	86	160
5	不定腔球藻 *Coelosphaerium dubium*	1	10	21	东方席藻 *Phormidium orientale*	183	40
6	不定微囊藻 *Microcystis incerta*	10	20	22	多管鞘丝藻 *Lyngbya polysiphoniae*	105	20
7	层片微囊藻 *Microcystis lamelliformis*	170	20	23	多形管孢藻 *Chamaesiphon polymorphus*	55	40
8	长白山星球藻 *Asterocapsa changbaishanensis*	21.5	80	24	多育颤藻 *Oscillatoria prolifica*	33	40
9	长突星球藻 *Asterocapsa longipapilla*	15	20	25	多枝伪枝藻 *Scytonema multiramosum*	85	10
10	尘埃微囊藻 *Microcystis pulverea*	20	10	26	二型隐球藻 *Aphanocapsa biformis*	360	340
11	池生念珠藻 *Nostoc piscinale*	750	150	27	佛氏绿胶藻 *Chlorogloea Fritschii*	150	40
12	稠密黏球藻 *Gloeocapsa compacta*	17	30	28	弗氏眉藻 *Calothrix Flahaultii*	40	10
13	次裂隙颤藻 *Oscillatoria subbrevis*	1	10	29	弗氏伪枝藻 *Scytonema Fritschii*	60	30
14	翠绿微囊藻 *Microcystis viridis*	317	280	30	浮游念珠藻 *Nostoc planctonicum*	25	10
15	大型集胞藻 *Synechocystis crassa*	15	10	31	福氏单歧藻 *Tolypothrix Foreauii*	65	30
16	滴岩黏球藻 *Gloeocapsa stegophila*	249.5	540	32	盖氏伪枝藻 *Scytonema Geitleri*	10	20

续表

镜检结果 数据项目 序号	结果	体积相对数	出现相对次数	序号	结果	体积相对数	出现相对次数
33	高山黏球藻 *Gloeocapsa alpina*	37	60	59	坚实微囊藻 *Microcystis filrma*	45	60
34	格氏隐球藻 *Aphanocapsa Grevillei*	23	30	60	胶质黏球藻 *Gloeocapsa gelatinosa*	15	40
35	硅藻 Bacillariophyta	13	10	61	金枝藻（金藻门）*Phaeothamion confervicola* (Chrysophyta)	370	50
36	果实管孢藻 *Chamaesiphon carpaticus*	90	10	62	晶粒黏球藻 *Gloeocapsa crepidinum*	514	410
37	哈氏念珠藻 *Nostoc Hatei*	120	40	60	胶质黏球藻 *Gloeocapsa gelatinosa*	15	40
38	旱生微囊藻 *Microcystis orissica*	101	170	61	金枝藻（金藻门）*Phaeothamion confervicola* (Chrysophyta)	370	50
39	褐黑黏杆藻 *Gloeothece ustulata*	9	30	62	晶粒黏球藻 *Gloeocapsa crepidinum*	514	410
40	褐黑黏杆藻小型变种 *Gloeothece ustulata* var.*minor*	8	10	63	居氏腔球藻 *Coelosphaerium Kuetzingianum*	4	10
41	黑色胶须藻 *Rivularia atra*	49	20	64	巨大鞘丝藻 *Lyngbya majuscula*	419	120
42	黑色鞘丝藻 *Lyngbya nigra*	240	30	65	巨大黏球藻 *Gloeocapsa gigas*	32	70
43	黑色星球藻 *Asterocapsa atrata*	208	310	66	菌丝 hypha	52	20
44	黑色黏球藻 *Gloeocapsa atrata*	444.8	510	67	卡氏鞘丝藻 *Lyngbya Kashyapii*	154	90
45	黑紫黏球藻 *Gloeocapsa nigrescens*	170.3	140	68	卡氏隐杆藻 *Aphanothece Castagnei*	33	20
46	红被黏杆藻 *Gloeothece rhodochlamys*	13	40	69	康氏黏囊藻 *Myxosarcina Concinna*	10	70
47	红色星球藻 *Asterocapsa rubra*	780.7	680	70	颗粒黏球藻 *Gloeocapsa granosa*	70	200
48	红网鞘丝藻钙质变种 *Lyngbya martensiana* var.*calcarea*	290	70	71	客氏异球藻 *Xenococcus Kerneri*	13	30
49	红紫微鞘藻 *Microcoleus purpureus*	13	20	72	枯萎 withered	50	10
50	厚膜色球藻 *Chroococcus turicensis*	37	140	73	枯萎黏球藻 *Gloeocapsa deusta*	88	110
51	湖泊鞘丝藻 *Lyngbya limnetica*	2	20	74	库氏链鞘藻 *Sirocoleus Kurzii*	32	20
52	黄色鞘丝藻 *Lyngbya lutea*	461	100	75	库氏隐球藻 *Aphanocapsa Koordersi*	155	90
53	喙突黏球藻 *Gloeocapsa coracina*	33.1	100	76	拉氏鞘丝藻 *Lyngbya Lachneri*	154	40
54	霍氏裂须藻 *Schizothrix Heufleri*	242	160	77	拉氏黏球藻 *Gloeocapsa Ralfsiana*	60	30
55	极小集胞藻 *Synechocystis minuscula*	17	30	78	莱氏裂须藻 *Schizothrix Lenormandiana*	65	10
56	极小色球藻 *Chroococcus minimus*	3	20	79	蓝色黏球藻 *Gloeocapsa livida*	10	30
57	寄生微囊藻 *Microcystis parasitica*	978.5	610	80	莉氏念珠藻 *Nostoc Letestui*	455.5	180
58	假格圆伪枝藻 *Scytonema guyanense*	319	80	81	立氏单歧藻 *Tolypothrix Rechingeri*	99	20

续表

序号	镜检结果	体积相对数	出现相对次数	序号	镜检结果	体积相对数	出现相对次数
82	沥青色球藻 *Chroococcus bituminosus*	31	20	105	拟单歧伪枝藻 *Scytonema tolypothrichoides*	131	30
83	联结鞘丝藻 *Lyngbya connectens*	285	50	106	拟色球黏囊藻 *Myxosarcina chroococcoides*	293	130
84	裂褶念珠藻 *Nostoc verrucosum*	13	20	107	捏团黏球藻 *Gloeocapsa magma*	369	490
85	林氏念珠藻 *Nostoc Linckia*	185	30	108	纽曲单歧藻 *Tolypothrix distorta*	36	40
86	绿色隐球藻 *Aphanocapsa virescens*	10	10	109	帕氏伪枝藻 *Scytonema pascheri*	448	70
87	马拉维伪枝藻 *Scytonema malaviyaensis*	85	10	110	泡状平盘藻 *Placoma vesiculosa*	10	20
88	玫瑰红皮果藻 *Dermocarpa rosea*	50	10	111	膨胀色球藻 *Chroococcus turgidus*	22.2	90
89	煤黑厚皮藻 *Pleurocapsa fuliginosa*	67.2	80	112	膨胀伪枝藻 *Scytonema dilatatum*	40	10
90	美丽颤藻 *Oscillatoria formosa*	5	10	113	皮果藻 *Dermocarpa* sp.	5	20
91	美丽隐球藻 *Aphanocapsa pulchra*	111	200	114	皮壳伪枝藻 *Scytonema crustaceum*	874	200
92	美丽黏囊藻 *Myxosarcina spectabilis*	211	210	115	皮色黏球藻 *Gloeocapsa dermochroa*	11	30
93	美丝鞘丝藻 *Lyngbya perelegans*	41	50	116	皮氏集胞藻 *Synechocystis Pevalekii*	9	30
94	米氏伪枝藻 *Scytonema Millei*	245	40	117	珀氏裂须藻 *Schizothrix Purcellii*	20	10
95	密集微囊藻 *Microcystis densa*	20	20	118	栖石色球藻 *Chroococcus lithophilus*	5	10
96	缅甸伪枝藻 *Scytonema burmanicum*	509	100	119	栖石土席藻 *Phormidium rubroterricola*	286	70
97	缅甸黏囊藻 *Myxosarcina burmensis*	103	170	120	栖石隐杆藻 *Aphanothece saxicola*	10	10
98	膜状色球藻 *Chroococcus membraninus*	55	110	121	栖霞鞘丝藻 *Lyngbya digueti*	240	50
99	石林肾胞藻 *Nephrococcus Shilinensis*	60	30	122	栖藓鞘丝藻 *Lyngbya mucicola*	9	40
100	红色星球藻大型变种 *Asterocapsa rubra* var.*crassa*	70	90	123	其他 others	96	290
101	地衣 lichen	90	60	124	墙壁眉藻 *Calothrix parietina*	184	80
102	巴拉里隐球藻 *Aphanocapsa banaresensis*	20	30	125	鞘丝藻 *Lyngbya* sp.	41	60
103	内卷翅线藻 *Petalonema involvens*	44	20	126	球纹星球藻 *Asterocapsa trochiscioides*	47	140
104	纳氏隐杆藻 *Aphanothece Naegelii*	5	10	127	软席藻 *Phormidium molle*	74	20

续表

序号	结果	体积相对数	出现相对次数	序号	结果	体积相对数	出现相对次数
128	瑞士色球藻 *Chroococcus helveticus*	4	40	151	微囊藻 *Microcystis* sp.	3	10
129	塞斯西雅隐球藻 *Aphanocapsa sesciacensis*	160	50	152	微小色球藻 *Chroococcus minutus*	2	10
130	色球藻 *Chroococcus* sp.	7	30	153	微小微囊藻 *Microcystis minutissima*	91	60
131	沙生裂须藻 *Schizothrix arenaria*	173	70	154	微小隐杆藻 *Aphanothece microscopica*	9	30
132	山地色球藻 *Chroococcus montanus*	2	20	155	伪枝藻 *Scytonema* sp.	53	50
133	山地隐球藻 *Aphanocapsa montana*	221	200	156	未知 unknow	50	50
134	山地隐球藻小型变种 *Aphanocapsa montana* var. *micrococcus*	12	40	157	埃哥念珠藻 *Nostoc elgonense*	95	20
135	山地黏球藻 *Gloeocapsa montana*	95	40	158	希氏鞘丝藻 *Lyngbya Hieronymusii*	35	10
136	舍氏异球藻 *Xenococcus Schousboei*	2	10	159	锡兰鞘丝藻 *Lyngbya ceylanica*	140	20
137	埃氏单歧藻 *Tolypothrix Elenkinii*	15	10	160	席藻 *Phormidium* sp.	2	10
138	石生黏球藻 *Gloeocapsa rupestris*	15	30	161	喜钙念珠藻 *Nostoc calcicola*	104	40
139	束缚色球藻 *Chroococcus tenax*	46.5	160	162	细巧隐球藻 *Aphanocapsa delicatissima*	12	30
140	水生集胞藻 *Synechocystis aquatilis*	47	20	163	细小隐球藻 *Aphanocapsa elachista*	243	170
141	丝状鞘丝藻 *Lyngbya confervoides*	70	30	164	细叶裂须藻 *Schizothrix mascarenica*	40	20
142	四体黏球藻 *Gloeocapsa quaternata*	7	40	165	纤细伪枝藻 *Scytonema tenellum*	55	10
143	梭形黏球藻 *Gloeocapsa shuttleworthiana*	30	10	166	纤细席藻 *Phormidium tenue*	135	50
144	铁锈管孢藻 *Chamaesiphon ferrugineus*	60	20	167	藓 moss	101	20
145	铜绿黏球藻 *Gloeocapsa aeruginosa*	47	90	168	小型色球藻 *Chroococcus minor*	1	10
146	透明星球藻 *Asterocapsa hyalina*	258.3	380	169	小型念珠藻 *Nostoc minutum*	111	50
147	土栖隐球藻 *Aphanocapsa muscicola*	2	10	170	小黏球藻 *Gloeocapsa minutula*	14	30
148	椭孢念珠藻 *Nostoc ellipsosporum*	26	10	171	亚麻色单歧藻 *Tolypothrix byssoidea*	73	60
149	微孢绿胶藻 *Chlorogloea microcystoides*	28.3	70	172	亚麻色单歧藻岩生变种 *Tolypothrix byssoidea* f.*saxicola*	180	40
150	微孢隐杆藻 *Aphanothece microspora*	4	20	173	亚丝鞘丝藻 *Lyngbya subconfervoides*	120	30

续表

序号	结果	体积相对数	出现相对次数	序号	结果	体积相对数	出现相对次数
174	岩生黏杆藻 *Gloeothece rupestris*	13.5	50	190	黏球藻 *Gloeocapsa* sp.	20	90
175	盐生伪枝藻印度变种 *Scytonema salayeriense* var.*indica*	298	70	191	植内隐球藻 *Aphanocapsa endophytica*	12	40
176	眼点伪枝藻 *Scytonema ocellatum*	50	10	192	朱氏蓝枝藻 *Hyella Jurana*	40	20
177	依氏黏球藻 *Gloeocapsa Itzigsohnii*	24	30	193	爪哇伪枝藻 *Scytonema javanium*	185	60
178	易脆裂须藻 *Schizothrix fragilis*	120	30	194	着色裂须藻 *Schizothrix tinctoria*	53	20
179	易碎单歧藻 *Tolypothrix fragilis*	145	30	195	紫管鞘丝藻 *Lyngbya porphyrosiphonis*	85	30
180	隐杆藻 *Aphanothece* sp.	5	10	196	紫色平盘藻 *Placoma violacea*	12	20
181	蝇色伪枝藻 *Scytonema myochrous*	125	60	197	紫色微囊藻 *Microcystis amethystina*	45	30
182	有须伪枝藻 *Scytonema stuposum*	120	20	198	紫色星球藻 *Asterocapsa purpurea*	73.3	150
183	玉红裂须藻 *Schizothrix rubra*	50	40	199	棕黄微囊藻 *Microcystis fusco-lutea*	325.6	280
184	原型微鞘藻 *Microcoleus chthonoplastes*	42	70	200	棕黄黏杆藻 *Gloeothece fusco-lutea*	6.5	30
185	圆胞束球藻 *Gomphosphaeria aponina*	3	10	201	长白山星球藻红色变种 *Asterocapsa changbaishanensis* var.*rubra*	50	30
186	黏附单歧藻着色变种 *Tolypothrix conglutinata* var.*colorata*	60	30	202	紫色星球藻小型变种 *Asterocapsa purpurea* var.*minor*	60	20
187	黏杆藻 *Gloeothece* sp.	5	10	203	棕色眉藻 *Calothrix fusca*	12	30
188	黏黑黏球藻 *Gloeocapsa bituminosa*	9	20	204	棒状皮果藻 *Dermocarpa clavata*	50	20
189	黏连色球藻 *Chroococcus cohaerens*	90	100				

* 为了更好地比较，这里的出现相对次数均在原来实际出现相对次数的基础上乘 10。

根据表 2–5，分别做出藻类体积相对数对比图（图 2–3）和藻类出现相对次数对比图（图 2–4）。

通过这两个图可得出如下结论：

1）伯氏伪枝藻和皮壳伪枝藻在研究区的体积相对数较高，但其出现相对次数却偏低。说明，伯氏伪枝藻和皮壳伪枝藻在研究区的岩石表面，呈点状分布，相对集中。

2）红色星球藻和寄生微囊藻的体积相对数和出现相对次数均偏高，说明，两种藻类在研究区的岩石表面，呈面状分布，相对均衡。

3）藻类体积相对数和藻类出现相对次数均较高的，即为该研究区的优势藻类。研究区的优势藻类为寄生微囊藻、红色星球藻（照片 11）、伯氏伪枝藻（照片 12）、皮壳伪枝藻（照片 13、照片 14）和黑色黏球藻（照片 15、照片 16）等。

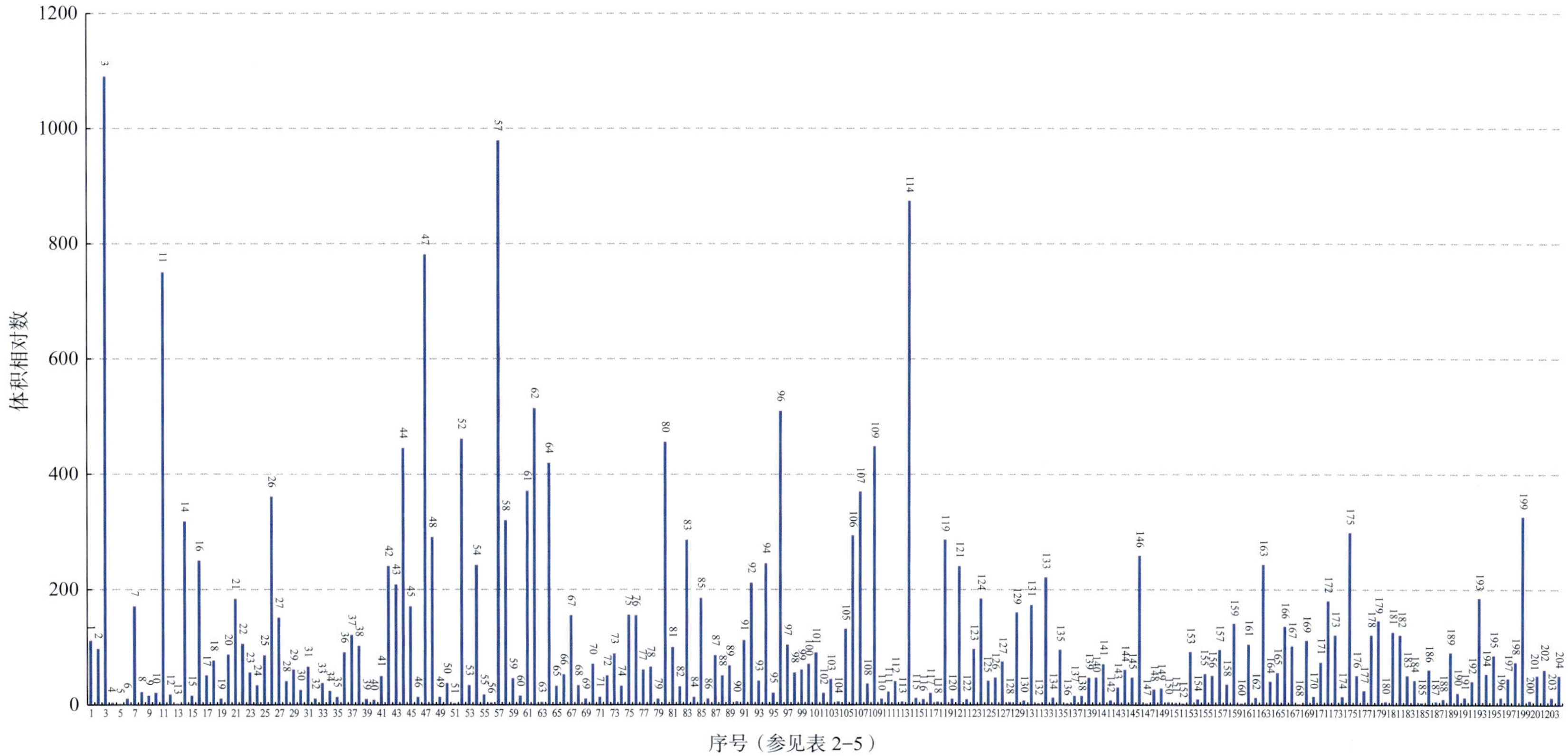

图 2-3　云南石林碳酸盐岩表面的藻类体积相对数对比图

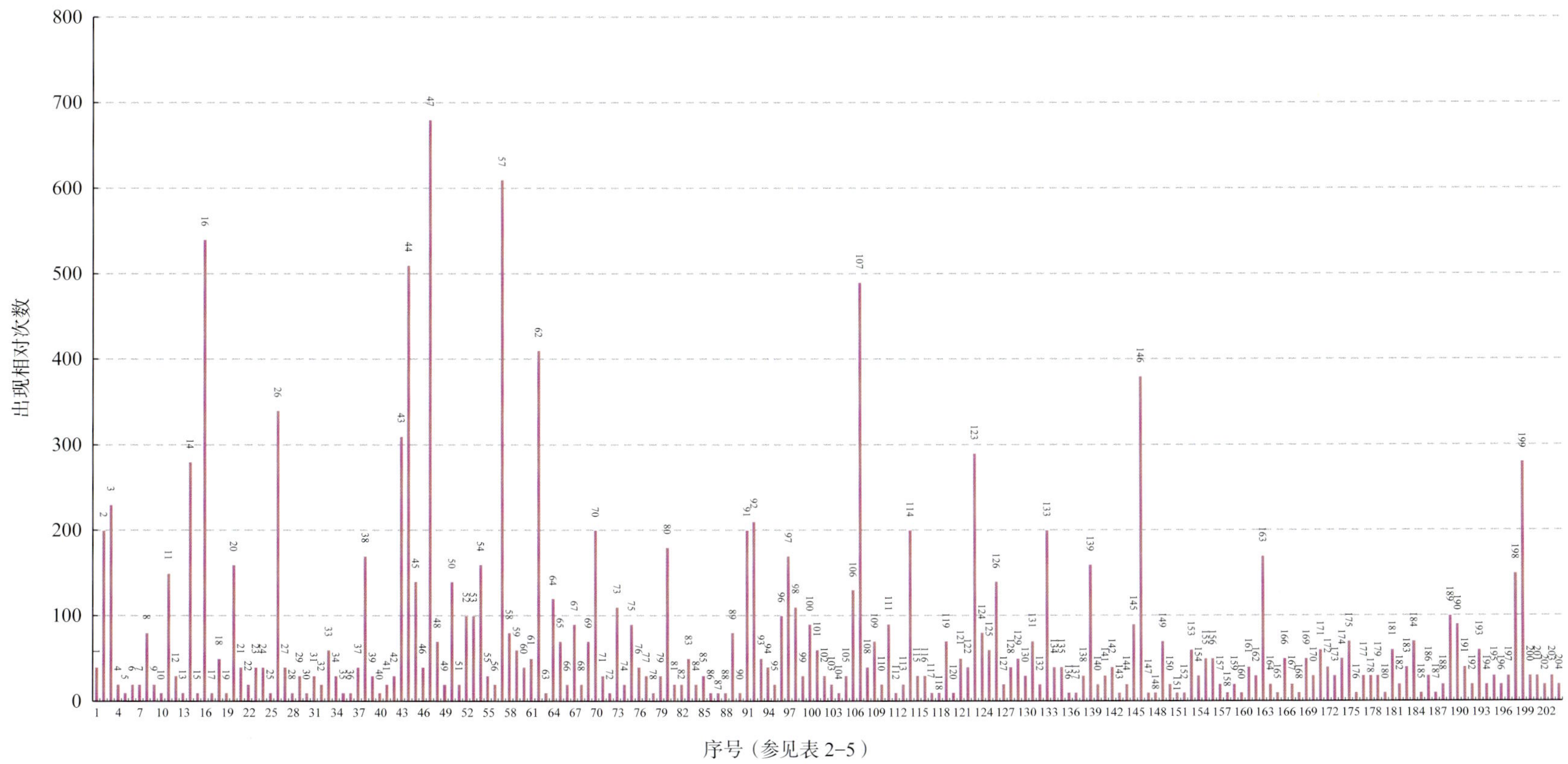

图 2-4　云南石林碳酸盐岩表面的藻类出现相对次数对比图

照片 11　石林景区的优势藻类，红色星球藻 *Asterocapsa rubra* C. Z. Wang，×640 [SL-99017 ①]

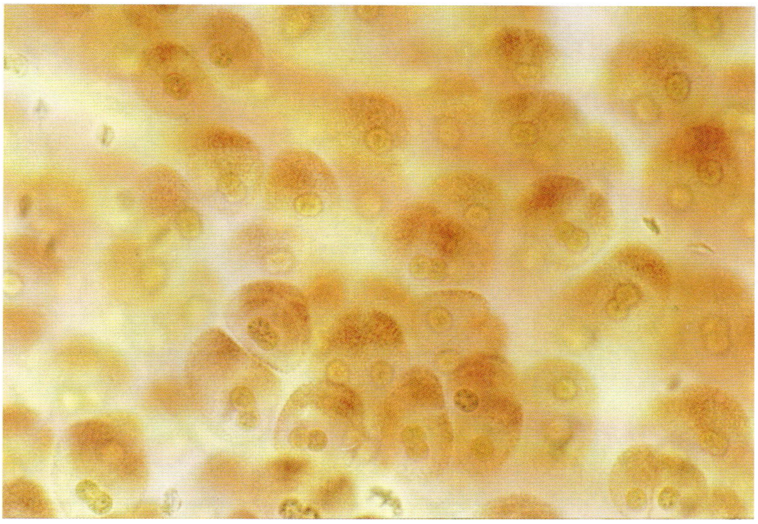

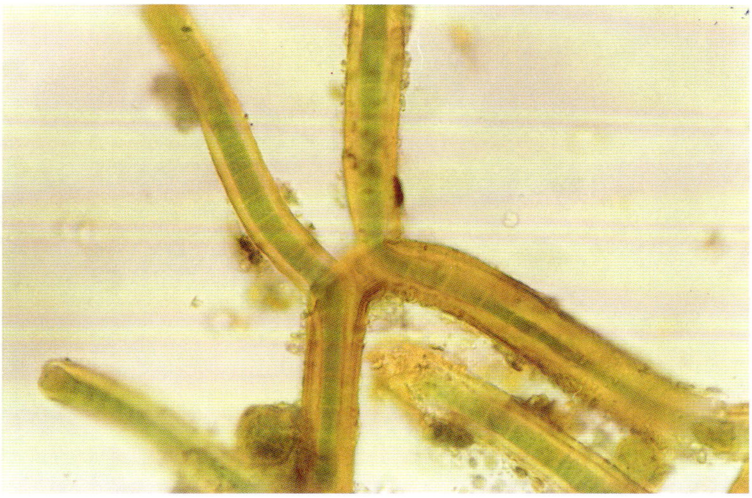

照片 12　石林景区的优势藻类，伯氏伪枝藻 *Scytonema bohneri* Schmidle，×640 [SL-99001 ⑧]

照片 13　石林景区的优势藻类，皮壳伪枝藻 *Scytonema crustaceum* Ag.，×160 [SL-99042 ①]

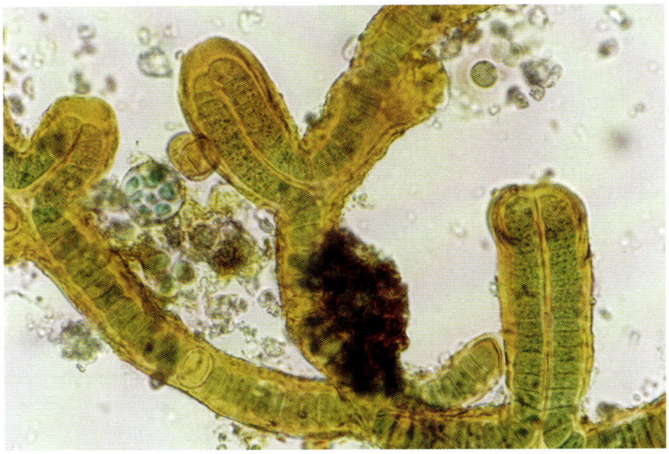

照片 14　石林景区的优势藻类，皮壳伪枝藻 *Scytonema crustaceum* Ag.，×640 [SL−99040 ②]

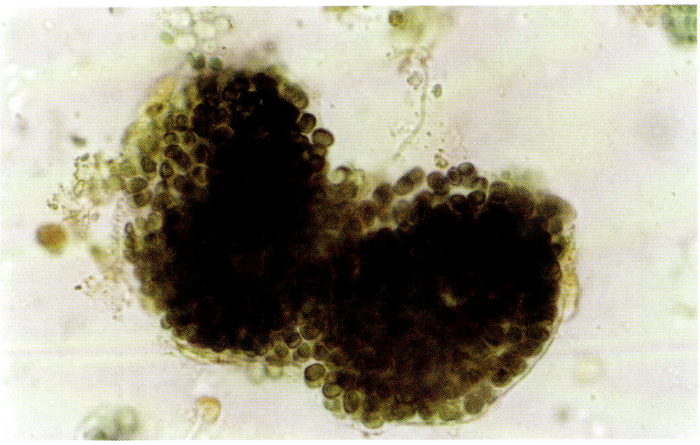

照片 15　石林景区的优势藻类，黑色黏球藻 *Gloeocapsa atrata*（Turp.）Kütz.，×640 [SL−99031 ①]

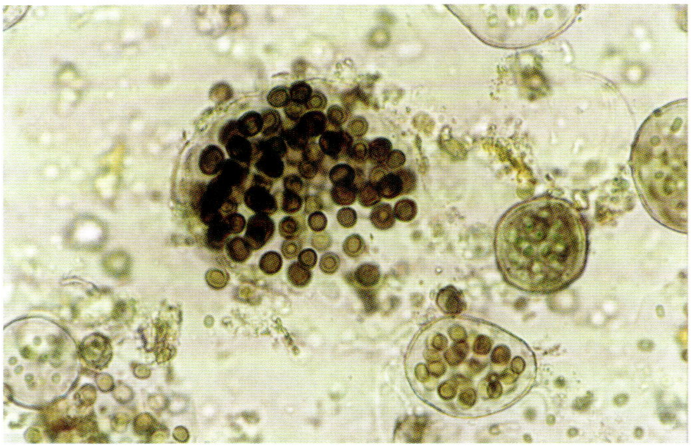

照片 16　石林景区的优势藻类，黑色黏球藻 *Gloeocapsa atrata*（Turp.）Kütz.，×640 [SL−99031 ①]

三、气生藻类的生物学特征

1）胶被或胶鞘色泽鲜艳，具有特别强烈的色彩（红，黄，紫或黑色）。例如，寄生微囊藻、红色星球藻、伯氏伪枝藻、皮壳伪枝藻、黑色黏球藻和黏黑黏球藻等。这是生长在岩石表面的高山藻类的重要特征（福迪，1980）。

2）胶被或胶鞘宽厚且坚硬，这是为了防止藻体内水分过度蒸发，是适宜高山岩石表面生活的典型进化特征。

四、发现一个新种及三个新变种

1. 石林肾胞藻　新种 图 2-5：1 ~ 4（照片 17、照片 18）

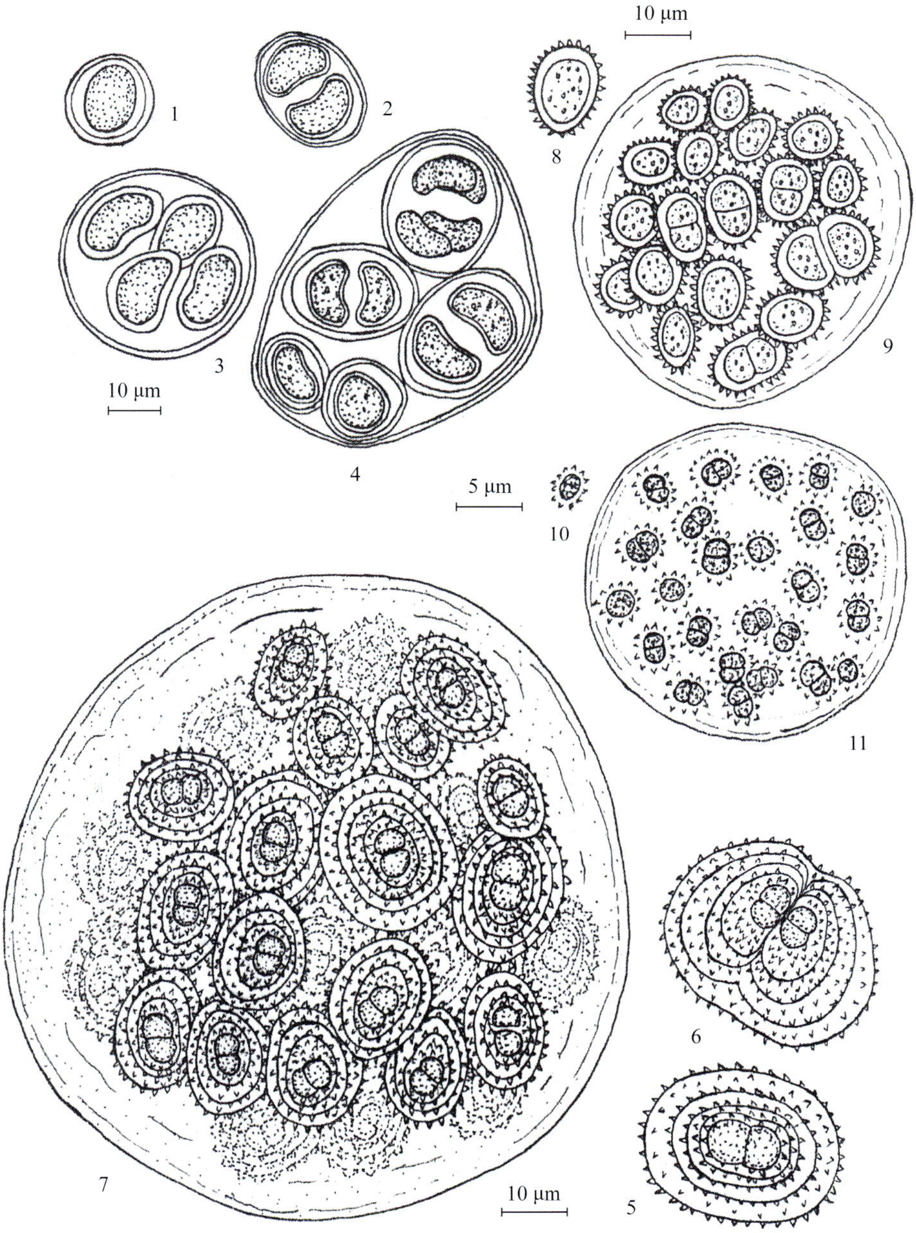

图 2-5　云南石林的一个新种和三个新变种

1 ~ 4. 石林肾胞藻 *Nephrococcus Shilinensis* Tian; 5 ~ 7. 红色星球藻大型变种 *Asterocapsa rubra* var. *crassa* Tian; 8 ~ 9. 长白山星球藻红色变种 *Asterpcapsa changbaishanensis* var. *rubra* Tian; 10 ~ 11. 紫色星球藻小型变种 *Asterocapsa purpurea* var.*minor* Tian

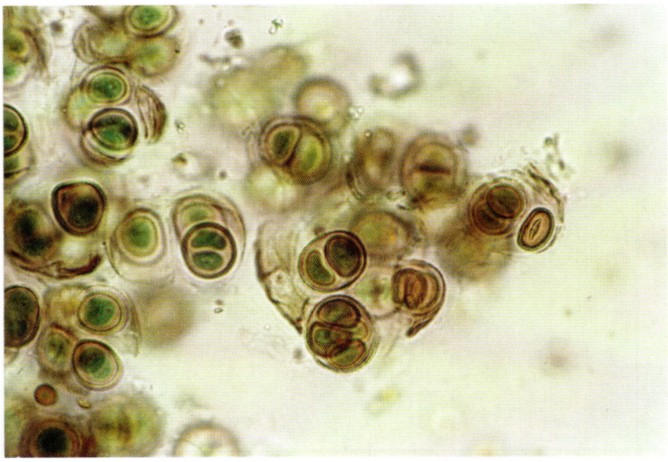

照片 17　石林景区发现一新种，石林肾胞藻 *Nephrococcus Shilinensis* Tian，×640 [SL−99040 ①]

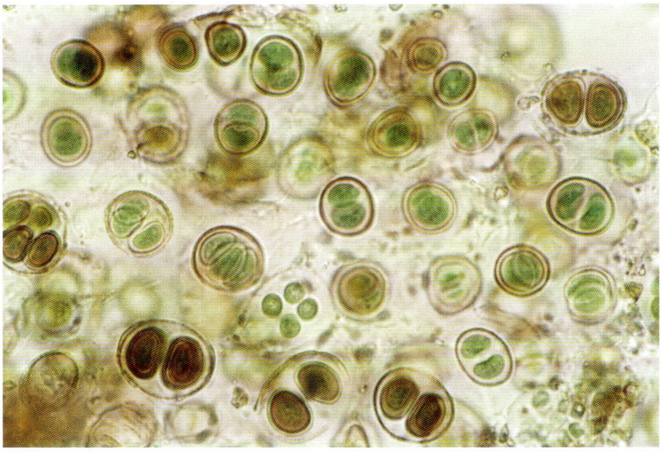

照片 18　石林景区发现一新种，石林肾胞藻 *Nephrococcus Shilinensis* Tian，×640 [SL−99040 ①]

***Nephrococcus Shilinensis* Tian**, sp. nov. Fig.1:1 ~ 4

Thallus aerius. Cellulae singulae, 2−vel 4−cellulari forma minor coloniarum, minor coloniarum forma maxima coloniarum. Tegumentis coloniarum tenuibus, 2 ~ 4 μm, lamellosis, superficie firmis, lamellis in parte exteriore pluries plus distinctis quam illis in parte interiore, hyalinis aut dilute fuscescenti. Cellulis nephroidois, 13 ~ 15 μm longis, in medio 6.5 ~ 9 μm latis. Initio tequmentis cellulis fere distinctis, aetete tegumentis cellulis distinctis. Contentu homogeneo vel minute granuloso, olivaceis.

Yunnan: Shilin, Daxiaoshilin, Wannianlingzhi, Jianfengchi, on the surface of carbonate rock, 16℃, alt.1790 m, 1999−11−13, Y.P.Tian, SL−99040（holotype）。❶

原植体气生。细胞单生或由 2，4 个细胞集合成小群体，再由多个小群体组成大群体。群体胶被薄，为 2 ~ 4 μm，分层，外部层理较内部的明显且坚韧，无色或淡褐色。细胞肾形，长 13 ~ 15 μm，中部宽 6.5 ~ 9 μm。个体胶被初生时不明显，成熟后十分明显。原生质体均匀或具颗粒，橄榄绿色。

❶ 各种类的模式标本均保存在南京大学城市与资源学系自然地理标本室，“SL”为“石林”汉语拼音的第一个字母。

云南：石林，大小石林，万年灵芝，剑峰池，碳酸盐岩岩石表面，气温 16℃，海拔 1790 m，1999 年 11 月 13 日，田友萍，SL−99040（模式标本）。

本种与密集肾胞藻 *Nephrococcus confertus* Y. Y. Li（李尧英，1980；朱浩然，1991）的区别在于，后者小群体的细胞数目为 2 ~ 64 个细胞，群体胶被厚，为 10 ~ 14 μm。石林肾胞藻是中国特有属——肾胞藻属中至今发现的第二个种。

2. 红色星球藻大型变种　新变种 图 2−5：5 ~ 7（照片 19、照片 20、照片 21、照片 22、照片 23）

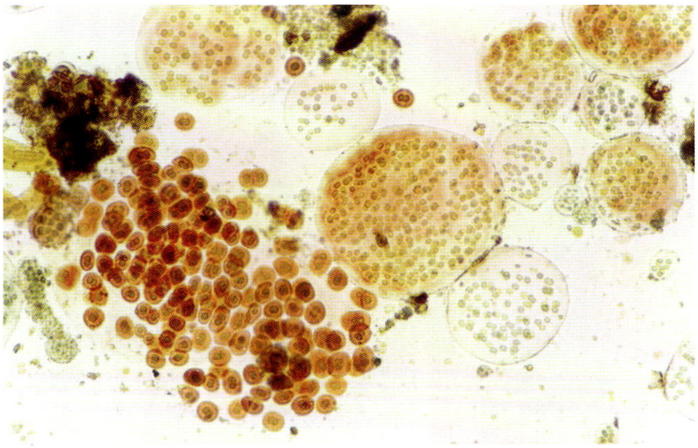

照片 19　石林景区发现一新变种，红色星球藻大型变种 *Asterocapsa rubra* var. *crassa* Tian，×160 [SL−99056 ①]

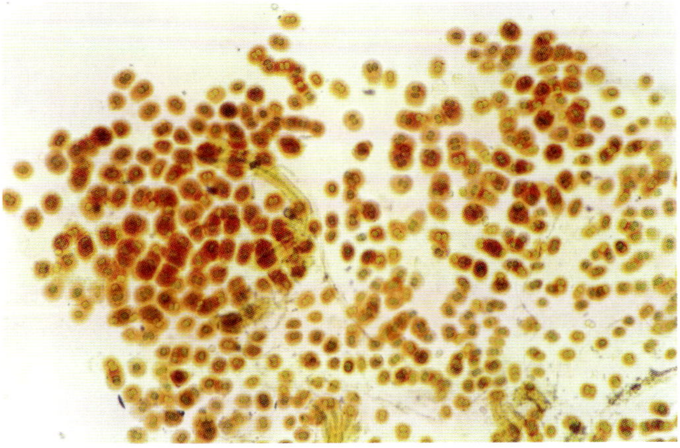

照片 20　石林景区发现一新变种，红色星球藻大型变种 *Asterocapsa rubra* var. *crassa* Tian，×160 [SL−99055 ②]

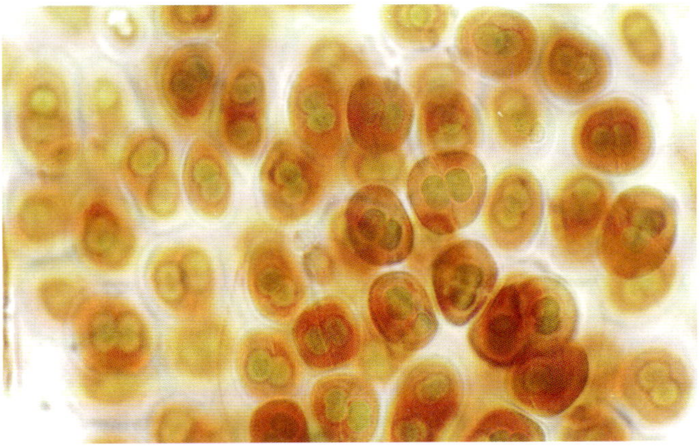

照片 21　石林景区发现一新变种，红色星球藻大型变种 *Asterocapsa rubra* var. *crassa* Tian，×160 [SL−99056 ①]

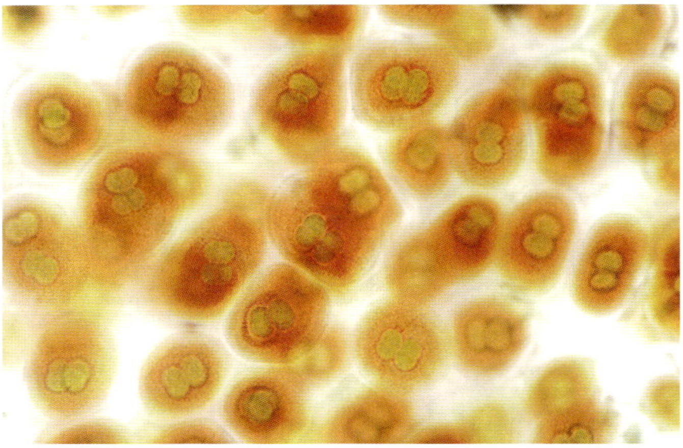

照片 22　石林景区发现一新变种，红色星球藻大型变种 *Asterocapsa rubra* var. *crassa* Tian，×160 [SL–99055 ②]

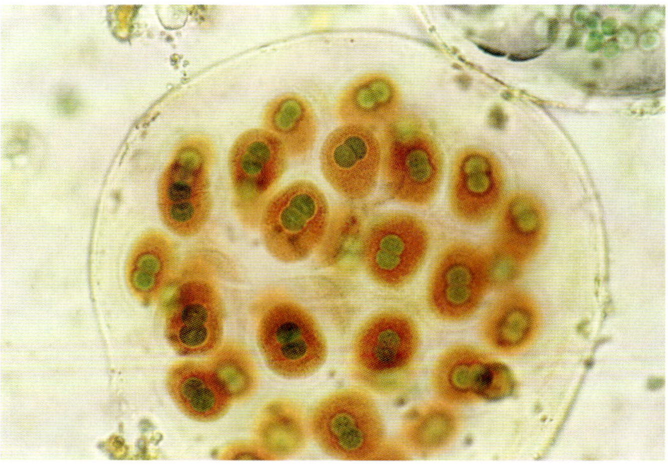

照片 23　石林景区发现一新变种，红色星球藻大型变种 *Asterocapsa rubra* var. *crassa* Tian，×640 [SL–99021 ①]

Asterocapsa rubra C.Z.Wang var. *crassa* Tian, var.nov. Fig.1:5 ~ 7

Differt a typo cellulis crassioribus, 6 ~ 10 μm diam.

Yunnan：Shilin, Daxiaoshilin,“Qunyanyongcui”, on the surface of carbonate rock, 16℃, alt.1760 m,1999–11–13, Y.P.Tian, SL–99055（holotype）.

与原变种（朱浩然，1991）不同处为细胞较大，直径达 6 ~ 10 μm。

云南：石林，大小石林，"群岩涌翠"石刻，碳酸盐岩岩石表面，气温 16℃，海拔 1760 m，1999 年 11 月 13 日，田友萍，SL–99055（模式标本）。

3. 长白山星球藻红色变种　新变种 图 2–5：8 ~ 9（照片 24）

Asterpcapsa changbaishanensis C.Z.Wang var.*rubra* Tian, var.nov. Fig.1:8 ~ 9

Differt a typo tegumentis cellulis rubra.

Yunnan: Shilin, Daxiaoshilin,“ Qunyanyongcui”, on the surface of carbonate rock, 16℃, alt.1760 m, 1999–11–12, Y.P.Tian, SL–99010（holotype）.

与原变种（胡鸿钧等，1980）的区别在于个体胶被为红色。

云南：石林，大小石林，"群岩涌翠"石刻，碳酸盐岩岩石表面，气温 16℃，海拔 1760 m，1999 年 11 月 12 日，田友萍，SL–99010（模式标本）。

照片 24　石林景区发现一新变种，长白山星球藻红色变种 *Asterocapsa changbaishanensis* var. *rubra* Tian，×160 [SL-99010 ⑤]

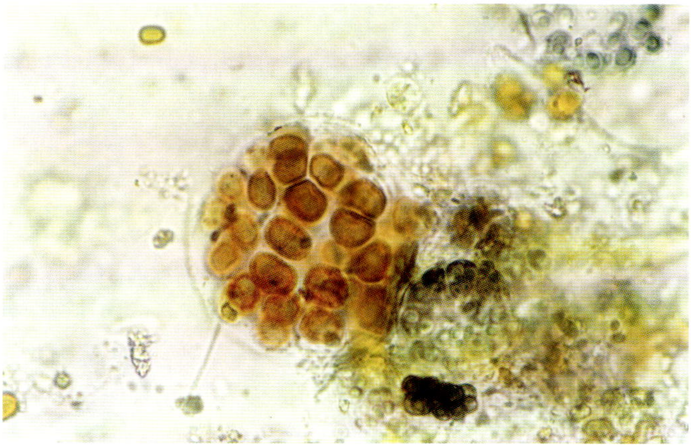

4. 紫色星球藻小型变种 新变种 图 2-5：10 ~ 11（照片 25、照片 26）

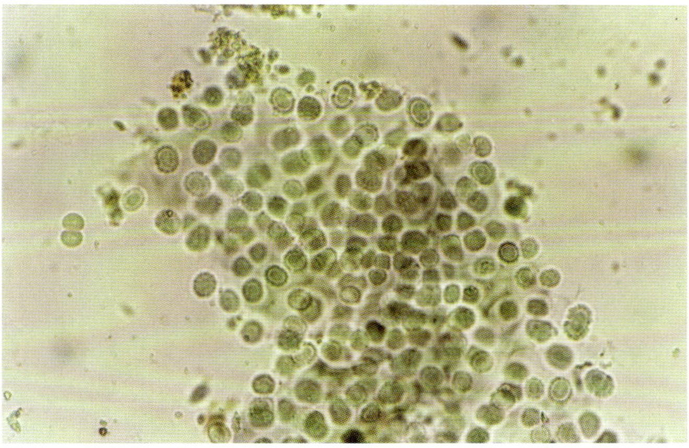

照片 25　石林景区发现一新变种，紫色星球藻小型变种 *Asterocapsa purpurea* var. *minor* Tian， ×640 [SL-99010 ④]

照片 26　石林景区发现一新变种，紫色星球藻小型变种 *Asterocapsa purpurea* var. *minor* Tian， ×640 [SL-99008 ②]

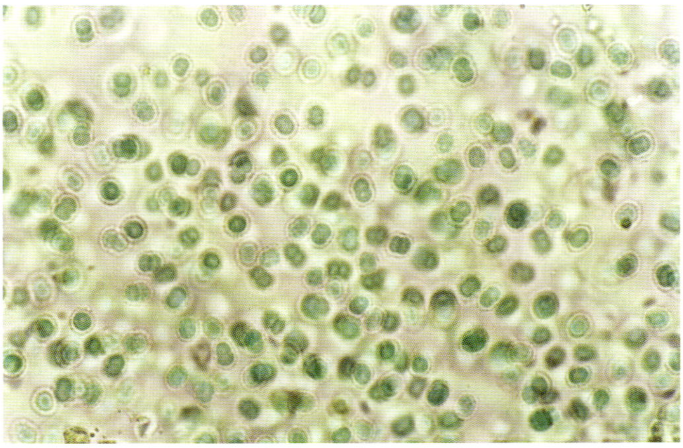

Asterocapsa purpurea (Jao)Chu var. *minor* Tian, var.nov. Fig.1:10 ~ 11

Differt a typo cellulis minorioribus, 1.5 ~ 2.5 μm latis, 3 ~ 6 μm longis. Tegumentis tenuibus.

Yunnan : Shilin, Daxiaoshilin, "Qunyanyongcui", on the surface of carbonate rock, 16℃ , alt.1760 m，1999-11-12, Y.P.Tian, SL-99008（holotype）.

与原变种（胡鸿钧等，1980；朱浩然，1991）的区别在于细胞较小，宽 1.5 ～ 2.5 μm，长 3 ～ 6 μm；胶被较薄。

云南：石林，大小石林，“群岩涌翠”石刻，碳酸盐岩岩石表面，气温 16℃，海拔 1760 m，1999 年 11 月 12 日，田友萍，SL-99008（模式标本）。

第三节　云南石林碳酸盐岩表面气生藻类的群落类型及特征

云南石林碳酸盐岩表面气生藻类群落因观察方式的不同则有不同的分类，观察方式分别为肉眼 – 生物显微镜观察方式、体视显微镜 – 生物显微镜观察方式。下面作一一叙述：

一、肉眼 – 生物显微镜观察下气生藻类的群落类型及特征

肉眼 – 生物显微镜观察，是指将在野外肉眼观察并分类的藻类群落，直接拿到生物显微镜下鉴定并分析。它揭示了肉眼观察下藻类群落形态与显微镜观察下藻类群落内部藻类物种的简单联系，不涉及藻类群落内部不同藻类之间的生态关系（即藻类群落结构）。根据研究区内气生藻类群落肉眼所见的外观形态，可将其分为以下类型（表 2-6）：

表 2-6　云南石林碳酸盐岩表面肉眼 – 生物显微镜观察下气生藻类群落类型

生物显微镜观察下 / 肉眼观察下	体积相对数	出现相对次数
墨水带	伯氏伪枝藻 *Scytonema Bohneri* > 寄生微囊藻 *Microcystis parasitica* > 黄色鞘丝藻 *Lyngbya lutea*	寄生微囊藻 *Microcystis parasitica* > 红色星球藻 *Asterocapsa rubra* > 二型隐球藻 *Aphanocapsa biformis*
粉末	皮壳伪枝藻 *Scytonema crustaceum*> 红色星球藻 *Asterocapsa rubra* > 池生念珠藻 *Nostoc piscinale*	二型隐球藻 *Aphanocapsa biformis*> 红色星球藻 *Asterocapsa rubra* > 捏团黏球藻 *Gloeocapsa magma*
壳状	皮壳伪枝藻 *Scytonema crustaceum*> 莉氏念珠藻 *Nostoc Letestui*> 巨大鞘丝藻 *Lyngbya majuscula*	滴岩黏球藻 *Gloeocapsa stegophila*> 红色星球藻 *Asterocapsa rubra* > 捏团黏球藻 *Gloeocapsa magma*
膜状	帕氏伪枝藻 *Scytonema pascheri*> 米氏伪枝藻 *Scytonema Millei*> 拟色球黏囊藻 *Myxosarcina chroococcoides*	捏团黏球藻 *Gloeocapsa magma*> 黑色黏球藻 *Gloeocapsa atrata*> 红色星球藻 *Asterocapsa rubra*
皮状	红网鞘丝藻钙质变种 *Lyngbya martensiana* var. *calcarea* > 易脆裂须藻 *Schizothrix fragilis* > 翠绿微囊藻 *Microcystis viridis*	——
斑块	果实管孢藻 *Chamaesiphon carpaticus*> 棒状皮果藻 *Dermocarpa clavata*> 拉氏黏球藻 *Gloeocapsa Ralfsiana*	红色星球藻 *Asterocapsa rubra* > 滴岩黏球藻 *Gloeocapsa stegophila*> 多形管孢藻 *Chamaesiphon polymorphus*

续表

生物显微镜观察下 肉眼观察下	体积相对数	出现相对次数
球状	林氏念珠藻 *Nostoc Linckia*> 红网鞘丝藻钙质变种 *Lyngbya martensiana* var.*calcarea* > 着色裂须藻 *Schizothrix tinctoria*	林氏念珠藻 *Nostoc Linckia*> 红网鞘丝藻钙质变种 *Lyngbya martensiana* var.*calcarea* > 着色裂须藻 *Schizothrix tinctoria*
粉末斑块	皮壳伪枝藻 *Scytonema crustaceum*> 喜钙念珠藻 *Nostoc calcicola*> 小型念珠藻 *Nostoc minutum*	皮壳伪枝藻 *Scytonema crustaceum*> 红色星球藻 *Asterocapsa rubra* > 霍氏裂须藻 *Schizothrix Heufleri*
粉末壳状	帕氏伪枝藻 *Scytonema pascheri*> 亚麻色单歧藻 *Tolypothrix byssoidea*> 爪哇伪枝藻 *Scytonema javanium*	棕黄微囊藻 *Microcystis fusco-lutea*> 捏团黏球藻 *Gloeocapsa magma*> 黑色黏球藻 *Gloeocapsa atrata*
膜状球状	伯氏伪枝藻 *Scytonema bohneri* > 池生念珠藻 *Nostoc piscinale*> 普通念珠藻 *Nostoc commune*	红色星球藻 *Asterocapsa rubra* > 伯氏伪枝藻 *Scytonema bohneri* > 寄生微囊藻 *Microcystis parasitica*
膜状片状	盐生伪枝藻印度变种 *Scytonema salayeriense* var.*indica*> 寄生微囊藻 *Microcystis parasitica*> 点形念珠藻 *Nostoc punctiforme*	盐生伪枝藻印度变种 *Scytonema salayeriense* var.*indica*> 寄生微囊藻 *Microcystis parasitica*> 点形念珠藻 *Nostoc punctiforme*
其他	墙壁眉藻 *Calothrix parietina* > 塞斯西雅隐球藻 *Aphanocapsa sesciacensis* > 黑色黏球藻 *Gloeocapsa atrata*	黑色黏球藻 *Gloeocapsa atrata*> 墙壁眉藻 *Calothrix parietina* > 塞斯西雅隐球藻 *Aphanocapsa sesciacensis*

1. 墨水带

墨水带（照片 27、照片 28）是在研究区内分布最为广泛的一类，群落大小不等，从 0.05 ～ 0.06 m 长，0.02 ～ 0.03 m 宽，到 5 ～ 12 m 长，2 ～ 4 m 宽均有，厚为 0.5 ～ 5 mm。约覆盖研究区碳酸盐岩表面 30% 的面积。它往往在岩石表面，顺着雨水流动的方向扩展，形成一条条黑色带状的外观。对研究区墨水带中的藻类进行统计，得出该类群落中普遍呈点状分布着伯氏伪枝藻、面状分布着寄生微囊藻，优势种为伯氏伪枝藻、寄生微囊藻等（图 2–6）。

2. 粉末

藻类群落为粉末状（照片 29），黑色或棕黑色，群落大小为 0.5 ～ 3 cm^2，厚为 0.05 ～ 0.15 mm。覆盖研究区碳酸盐岩表面约 6.3% 的面积。点状分布着皮壳伪枝藻，面状分布着二型隐球藻，优势种为皮壳伪枝藻、二型隐球藻、红色星球藻等（图 2–7）。

3. 壳状

藻类群落为壳状（照片 30），黑色，群落大小为 0.5 ～ 4 cm^2，厚为 0.1 ～ 0.3 mm。覆盖研究区碳酸盐岩表面约 15.9% 的面积。点状分布着皮壳伪枝藻，面状分布着滴岩黏球藻，优势种为皮壳伪枝藻、滴岩黏球藻、红色星球藻等（图 2–8）。

照片 27　大石林。狮子亭下，墨水带 [SL-99001]

照片 28　乃古石林。墨水带 [SL-99016] [SL-99017]

照片 29　大石林。“群岩涌翠”处，粉末状 [SL-99030]

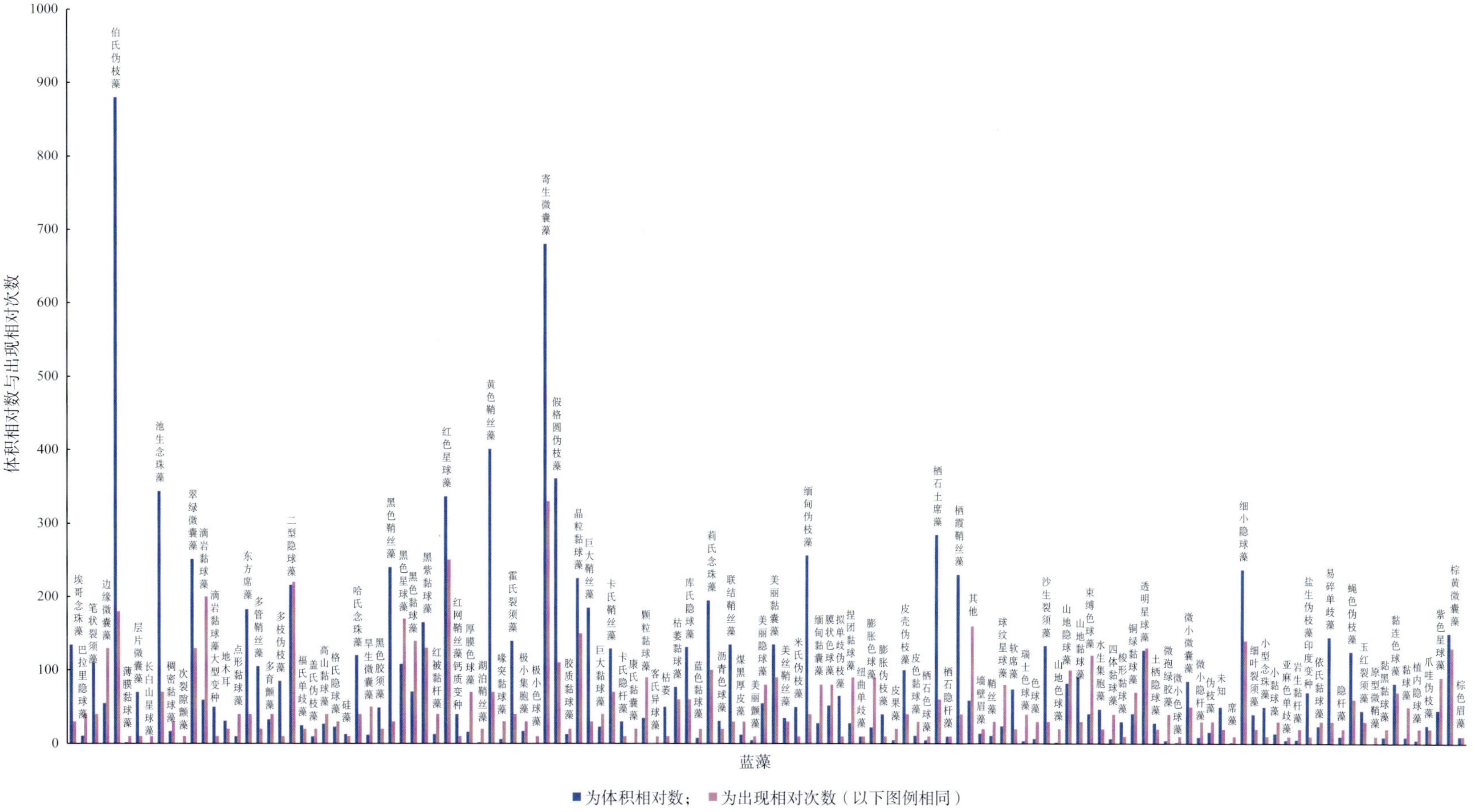

图 2-6　云南石林碳酸盐岩表面的墨水带蓝藻群落中蓝藻种类的体积相对数与出现相对次数对比图

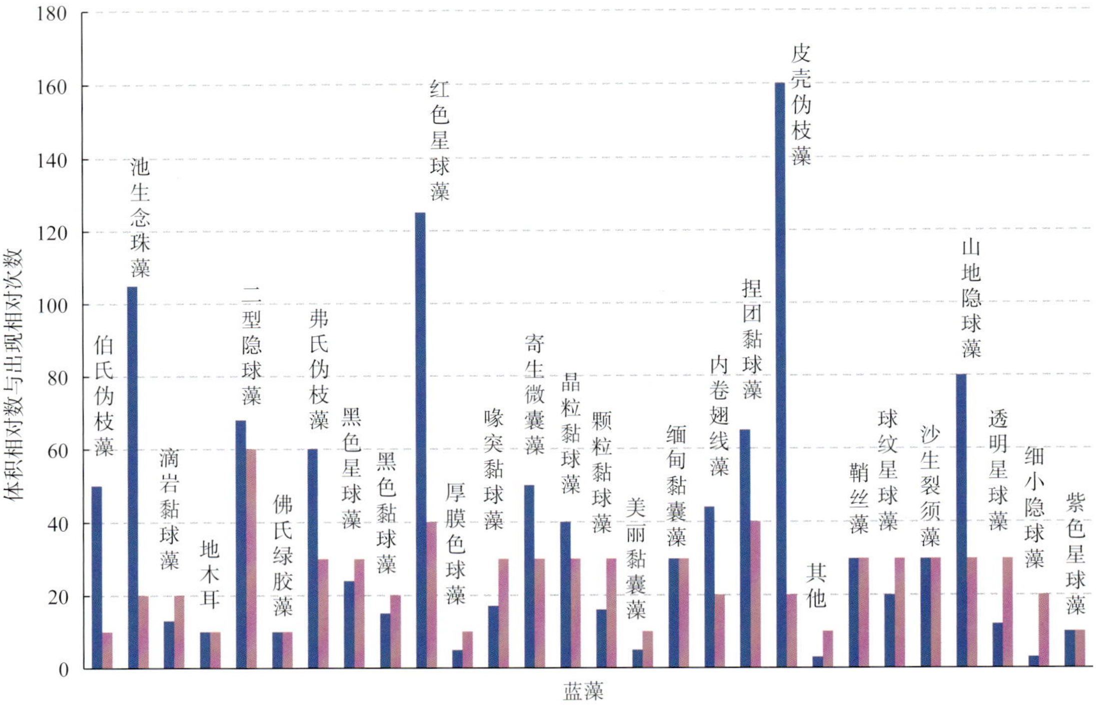

图 2-7　云南石林碳酸盐岩表面的粉末状蓝藻群落中蓝藻种类的体积相对数与出现相对次数对比图

照片 30　大石林。壳状 [SL-99033]

4. 膜状

藻类群落为膜状（照片 31），黑色或棕黑色，群落大小为 0.2 ~ 1 cm^2，厚约 0.2 mm。覆盖研究区碳酸盐岩表面约 15.9% 的面积。点状分布着帕氏伪枝藻，面状分布着捏团黏球藻，优势种为帕氏伪枝藻、米氏伪枝藻、捏团黏球藻等（图 2-9）。

5. 皮状

藻类群落为皮状（照片 32），黑色或棕黑色，群落大小为 0.5 ~ 5 cm^2，厚为 0.2 ~

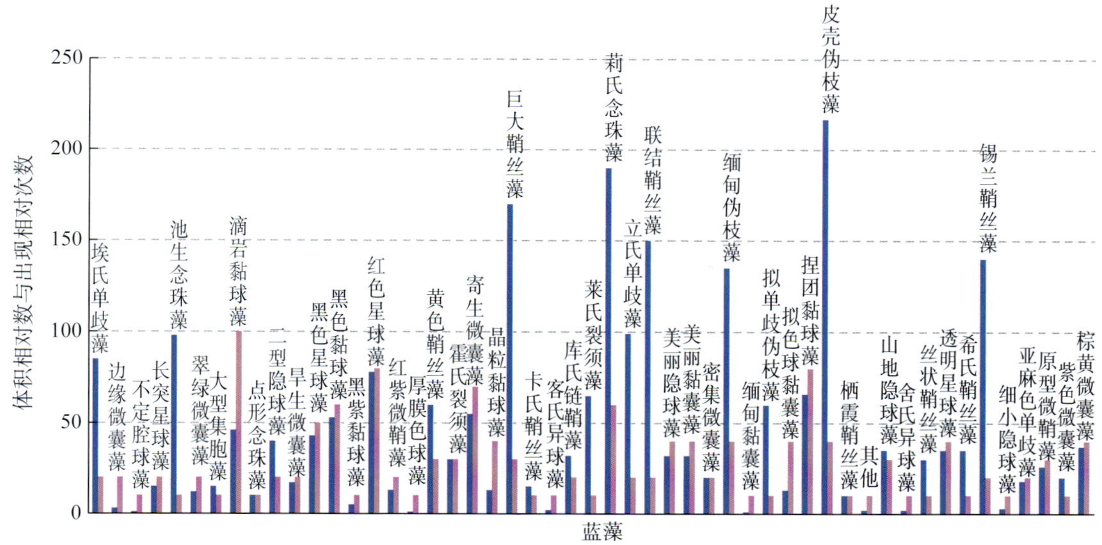

图 2-8　云南石林碳酸盐岩表面的壳状蓝藻群落中蓝藻种类的体积相对数与出现相对次数对比图

照片 31　大石林。膜状 [SL-99057]

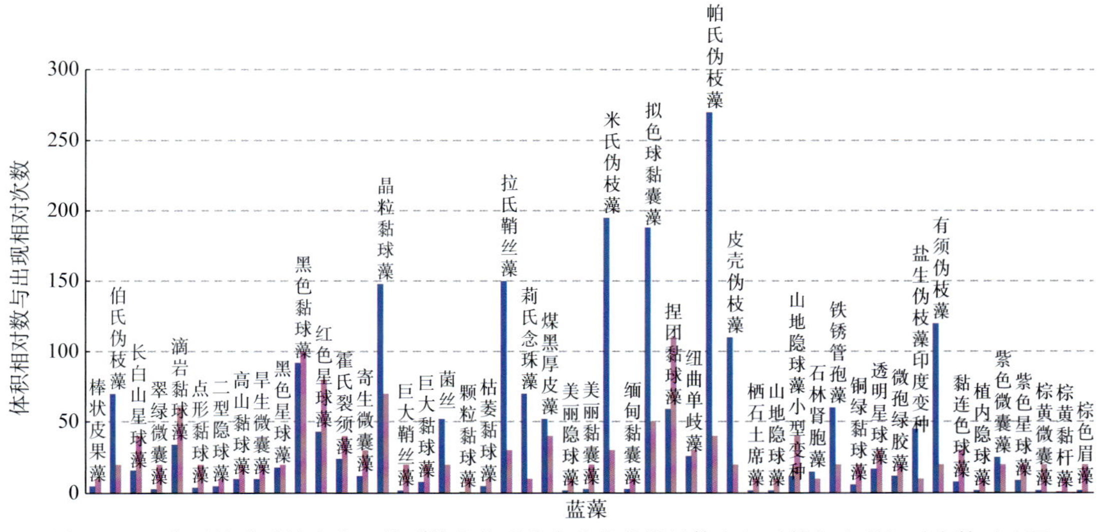

图 2-9　云南石林碳酸盐岩表面的膜状蓝藻群落中蓝藻种类的体积相对数与出现相对次数对比图

0.3 mm。覆盖研究区碳酸盐岩表面约 1.6% 的面积。主要由红网鞘丝藻钙质变种、易脆裂须藻、翠绿微囊藻等组成（图 2–10）。

照片 32　大石林。皮状 [SL–99054]

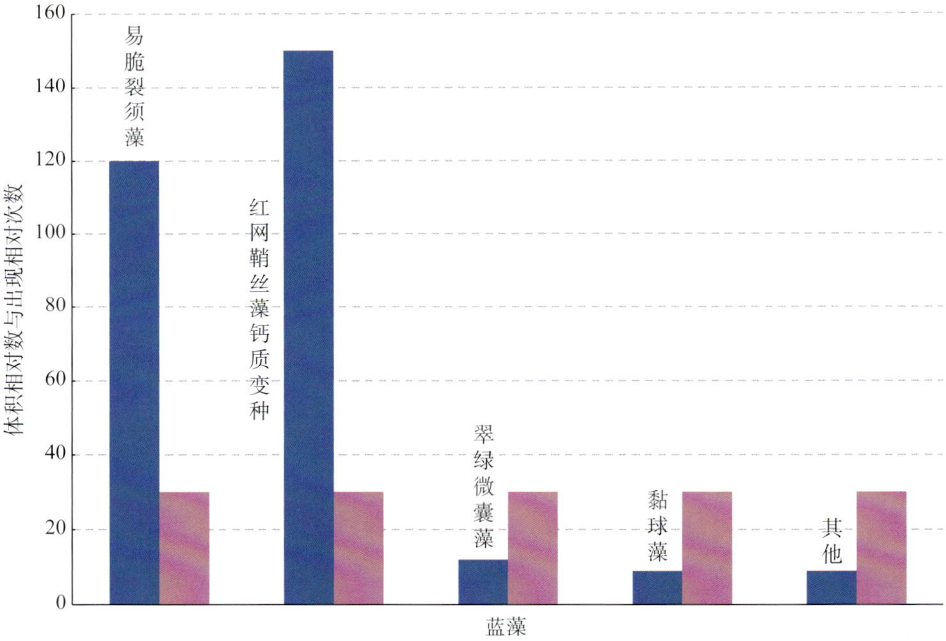

图 2–10　云南石林碳酸盐岩表面的皮状蓝藻群落中蓝藻种类的体积相对数与出现相对次数对比图

6. 斑块

藻类群落为斑块状（照片 33），黑色，群落大小为 0.05 ~ 0.5 cm^2，厚为 0.05 mm。覆盖研究区碳酸盐岩表面约 3.2% 的面积。点状分布着果实管孢藻，面状分布着红色星球藻，优势种为果实管孢藻、红色星球藻、棒状皮果藻、滴岩黏球藻等（图 2–11）。

照片 33　大石林。斑状 [SL−99037，Y−99012]

图 2−11　云南石林碳酸盐岩表面的斑块状蓝藻群落中蓝藻种类的体积相对数与出现相对次数对比图

7. 球状

藻类群落为球状，黑色、棕黄色，群落大小为 0.05 ~ 1 cm^2，厚为 0.5 ~ 10 mm。覆盖研究区碳酸盐岩表面约 1.6% 的面积。点状分布着林氏念珠藻，面状分布着红网鞘丝藻钙质变种，优势种为林氏念珠藻、红网鞘丝藻钙质变种等（图 2−12）。

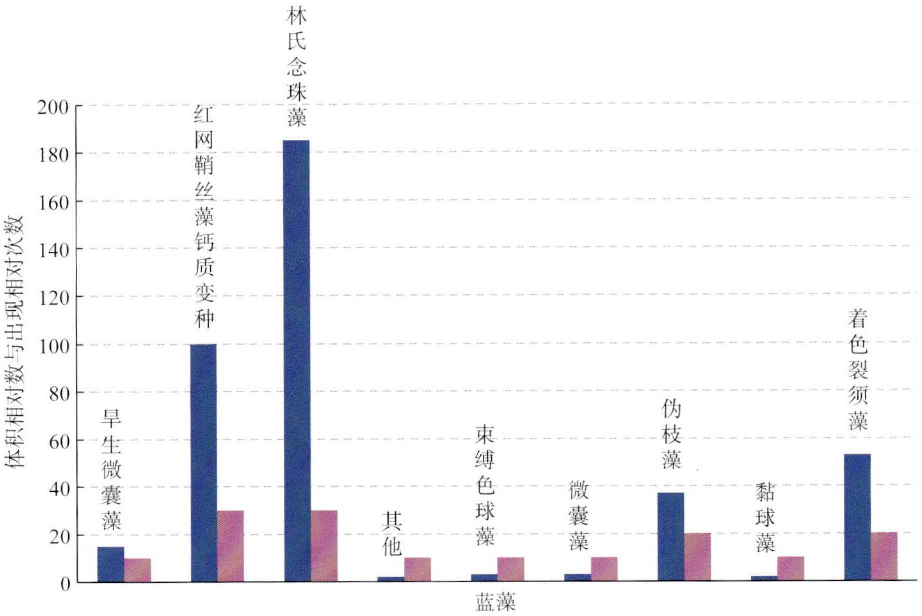

图 2–12　云南石林碳酸盐岩表面的球状蓝藻群落中蓝藻种类的体积相对数与出现相对次数对比图

8. 粉末斑块

藻类群落为粉末状与斑块状相混杂（照片 34），黑色、棕黑色，群落大小为 0.05 ～ 1 cm^2，厚为 0.2 ～ 1 mm。覆盖研究区碳酸盐岩表面约 3.2% 的面积。大量分布着皮壳伪枝藻、喜钙念珠藻等，优势种为皮壳伪枝藻藻、喜钙念珠藻、红色星球藻等（图 2–13）。

9. 粉末壳状

藻类群落为粉末状与壳状相混杂（照片 35），黑色、棕黑色，群落大小为 0.5 ～ 4 cm^2，厚为 0.1 ～ 0.3 mm。覆盖研究区碳酸盐岩表面约 4.8% 的面积。点状分布着帕氏伪枝藻，面状分布着棕黄微囊藻，优势种为帕氏伪枝藻、亚麻色单歧藻、棕黄微囊藻、捏团黏球藻等（图 2–14）。

照片 34　大石林。粉末斑块 [SL–99010]

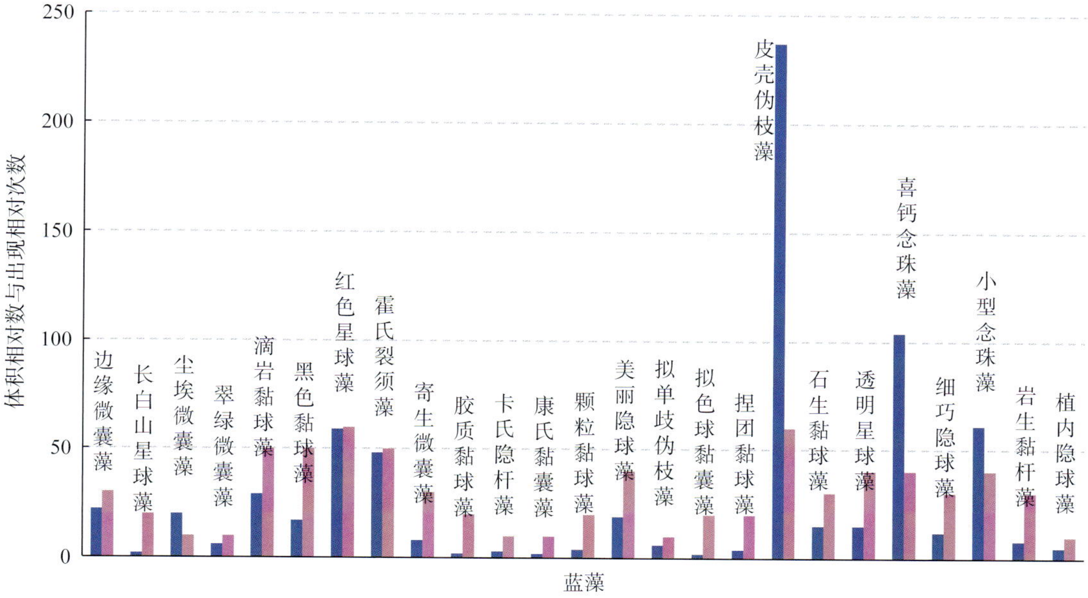

图 2-13　云南石林碳酸盐岩表面的粉末斑块蓝藻群落中蓝藻种类的体积相对数与出现相对次数对比图

照片 35　大石林。粉末壳状 [SL-99010]

10. 膜状球状

藻类群落为膜状与球状相混杂，黑色、棕黑色，群落大小为 0.05 ~ 1 cm^2，厚为 0.5 ~ 10 mm。覆盖研究区碳酸盐岩表面约 1.6% 的面积。点状分布着伯氏伪枝藻，面状分布着红色星球藻，优势种为伯氏伪枝藻、池生念珠藻、红色星球藻等（图 2-15）。

11. 膜状片状

藻类群落为膜状与片状相混杂（照片 36），黑色，群落大小为 0.05 ~ 2 cm^2，厚为 0.5 ~ 2 mm。覆盖研究区碳酸盐岩表面约 1.6% 的面积。大量分布着盐生伪枝藻印度变种、寄生微囊藻等（图 2-16）。

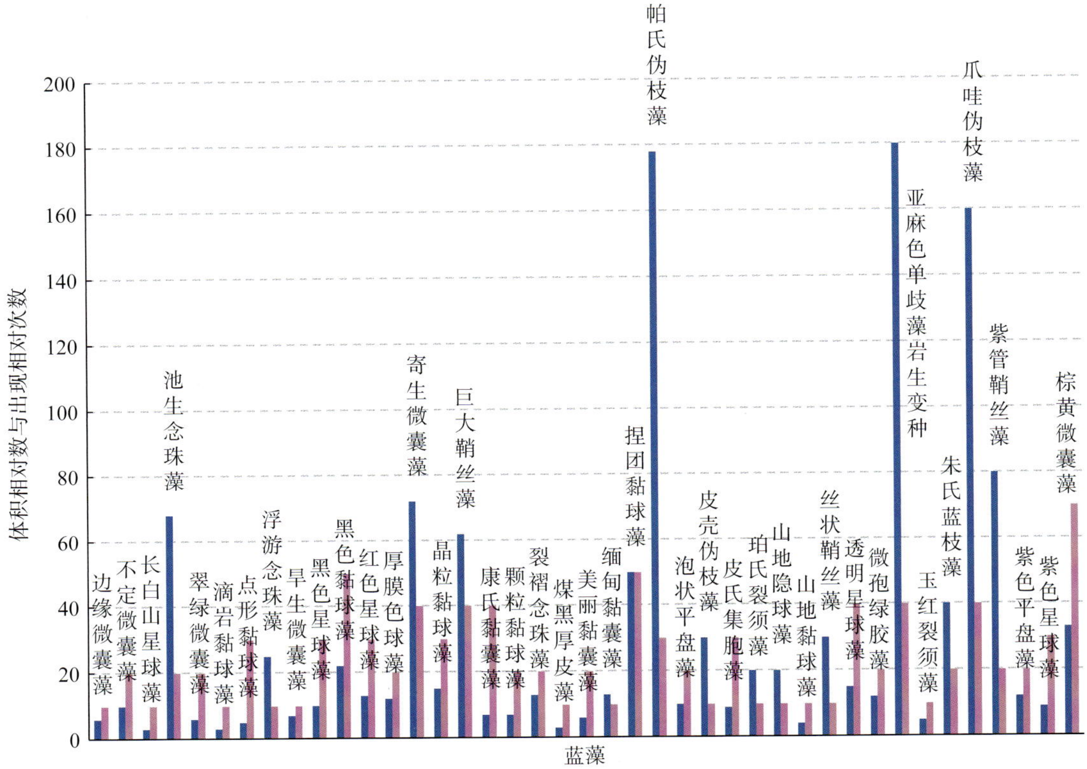

图 2-14　云南石林碳酸盐岩表面的粉末壳状蓝藻群落中蓝藻种类的体积相对数与出现相对次数对比图

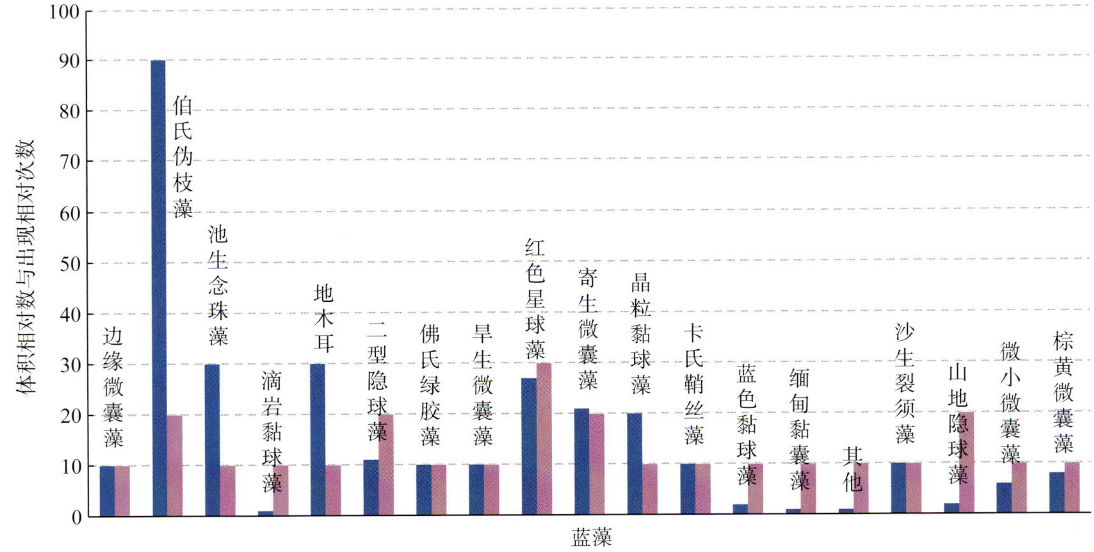

图 2-15　云南石林碳酸盐岩表面的膜状球状蓝藻群落中蓝藻种类的体积相对数与出现相对次数对比图

照片 36　大石林。膜状
[SL-99057]

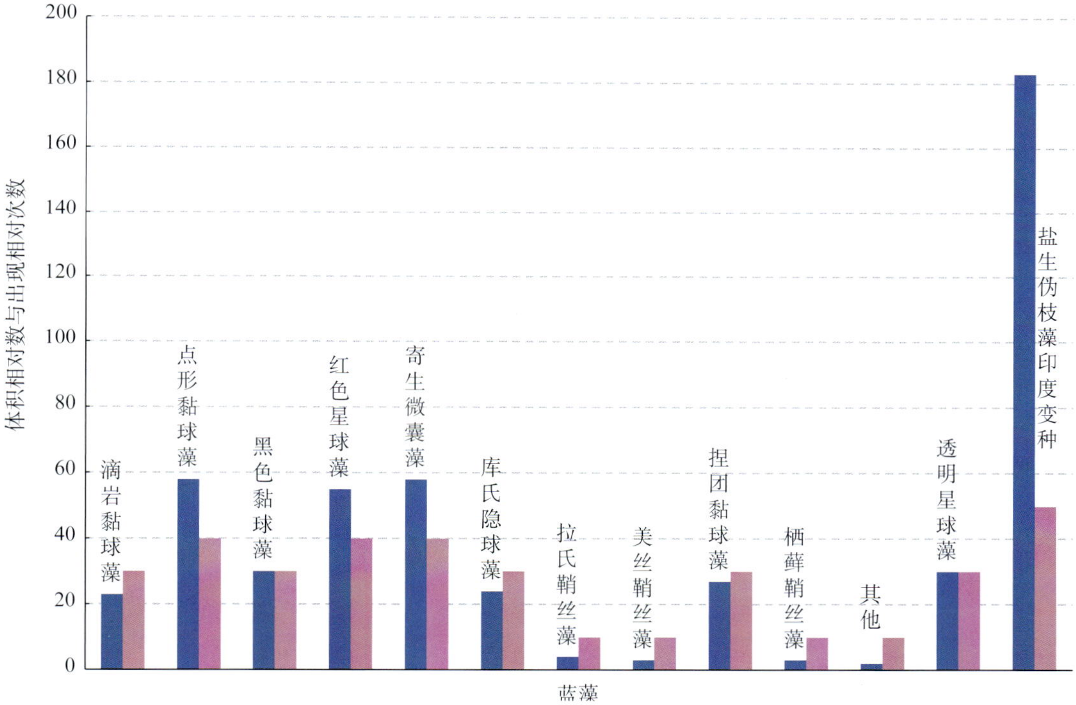

图 2-16　云南石林碳酸盐岩表面的膜状片状蓝藻群落中蓝藻种类的体积相对数与出现相对次数对比图

12. 其他

其他形态的蓝藻群落。覆盖研究区碳酸盐岩表面约 14.3% 的面积。主要分布着墙壁眉藻、塞斯西雅隐球藻等（图 2-17）。

二、体视显微镜 – 生物显微镜观察下气生藻类的群落类型及特征

体视显微镜 – 生物显微镜观察，是指将藻类标本拿到体视显微镜下观察后，再通过生物显微镜鉴定分析。它主要是为了揭示藻类群落的内部结构，或者说藻类群落内部不同藻类之间的生态关系（生存竞争关系）。

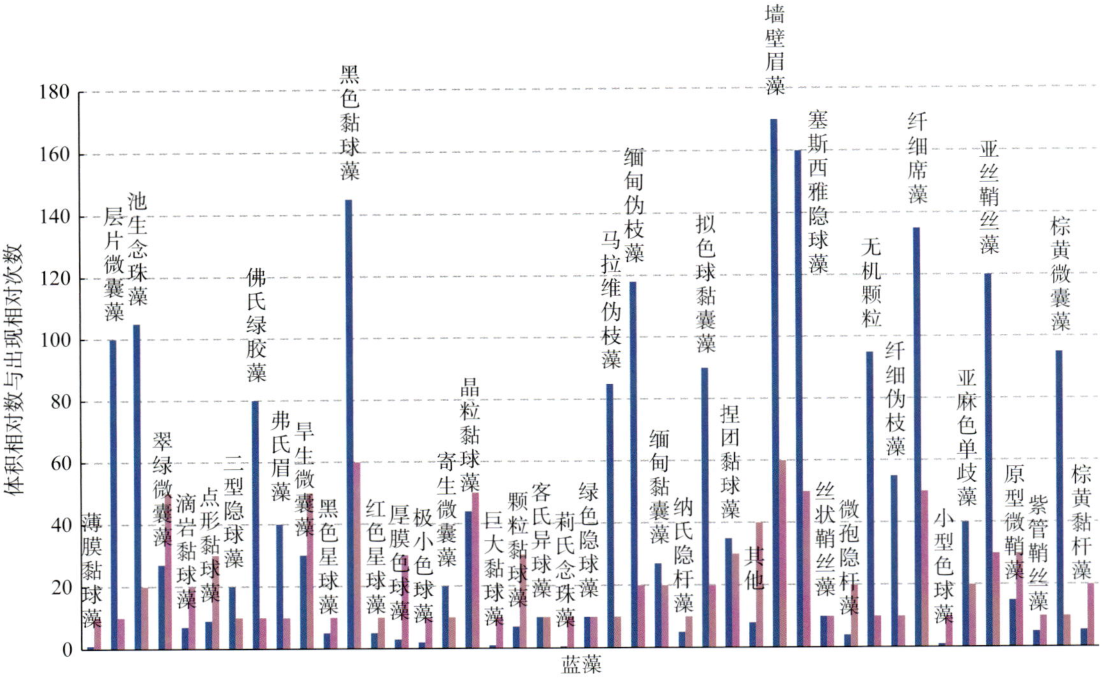

图 2-17　云南石林碳酸盐岩表面的其他蓝藻群落中蓝藻种类的体积相对数与出现相对次数对比图

蓝藻藻体（frond）在体视显微镜下主要分为球状和丝状两类，其中球状藻体根据其大小，又可分为小型球状藻体和大型球状藻体。它们常群聚地生活在一起，形成群落。根据蓝藻藻体的类型，可将体视显微镜－生物显微镜观察下的蓝藻群落，分为七大类，见表 2-7。

蓝藻群落成员，可划分为优势种、伴生种。每一群落的名称均以优势种来命名。优势种有一个的，称为单优势种群落；优势种有多个的，称为多优势种群落（Jones R. J., 1965）。在研究区，伴生种多为球状藻体，如色球藻属、黏球藻属、隐球藻属的种类。

表 2-7　云南石林碳酸盐岩表面体视显微镜－生物显微镜观察下气生藻类群落类型

体视显微镜－生物显微镜观察下气生藻类群落类型			举例
1. 小型球状藻体群落（A）			红色星球藻群落、寄生微囊藻群落
2. 大型球状藻体群落（B）			普通念珠藻群落、喜钙念珠藻群落
3. 丝状藻体群落（C）			皮壳伪枝藻群落、伯氏伪枝藻群落
4. 小型球状藻体大型球状藻体群落（D）			普通念珠藻寄生微囊藻群落
5. 小型球状藻体丝状藻体群落（E）	小型球状藻体在丝状藻体之上（E1）		晶粒黏球藻 *Gloeocapsa crepidinum* 东方席藻 *Phormidium orientale* 群落
	小型球状藻体在丝状藻体之下（E2）		栖石土席藻 *Phormidium rubroterricola* 寄生微囊藻群落
	小型球状藻体与丝状藻体混生为一体（E3）	平行生长型（E3-1）	红网鞘丝藻钙质变种易脆裂须藻群落
		网状生长型（E3-2）	栖石土席藻群落
		交织生长型（E3-3）	翠绿微囊藻软席藻 *Phormidium molle* 群落
		分枝生长型（E3-4）	皮壳伪枝藻群落

续表

体视显微镜－生物显微镜观察下气生藻类群落类型		举例
6. 大型球状藻体丝状藻体群落（F）	大型球状藻体在丝状藻体之上（F1）	池生念珠藻易碎单歧藻 *Tolypothrix fragilis* 群落
	大型球状藻体在丝状藻体之下（F2）	莉氏念珠藻缅甸伪枝藻 *Scytonema burmanicum* 群落
7. 小型球状藻体大型球状藻体丝状藻体群落（G）		库氏隐球藻 *Aphanocapsa Koordersi* 笔状裂须藻 *Schizothrix penicillata* 群落

注：A，B，C，…，G 为群落类型代号。

1. 小型球状藻体群落

由许多小型球状藻体组成的群落。如球纹星球藻群落（照片 37、照片 38）、黑色星球藻群落（照片 39）、稠密黏球藻群落（照片 40）、滴岩黏球藻群落（照片 41）、高山黏球藻群落（照片 42）、黑紫黏球藻群落（照片 43）、水生集胞藻群落（照片 44）、膜状色球藻群落（照片 45）、美丽黏囊藻群落（照片 46）、煤黑厚皮藻晶粒黏球藻群落（照片 47）、膨胀色球藻水生集胞藻群落（照片 48）等。

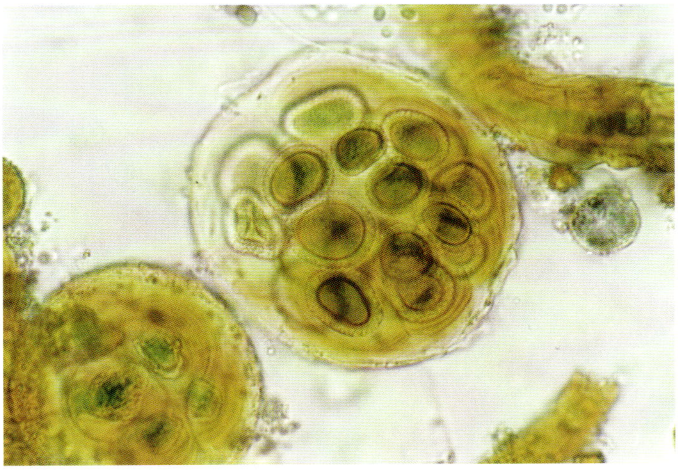

照片 37　球纹星球藻 *Asterocapsa trochiscioides* Chu 群落，×640

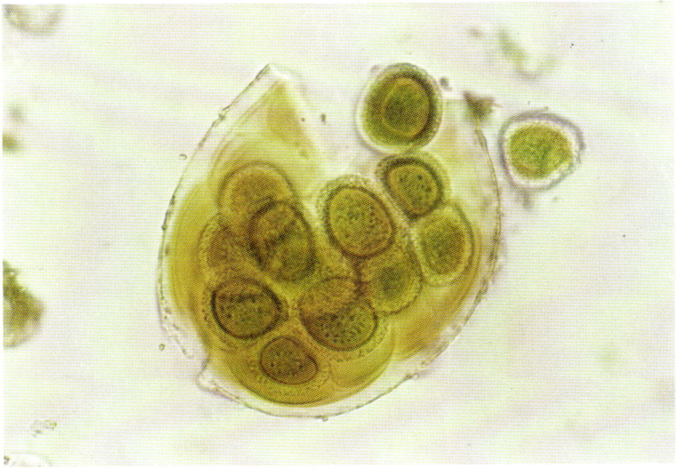

照片 38　球纹星球藻 *Asterocapsa trochiscioides* Chu 群落，×640 [SL−99021 ①]

照片 39　黑色星球藻群落，×640 [SL-99046 ②]

照片 40　稠密黏球藻 *Gloeocapsa compacta* Kütz. 群落，×640 [SL-99056 ③]

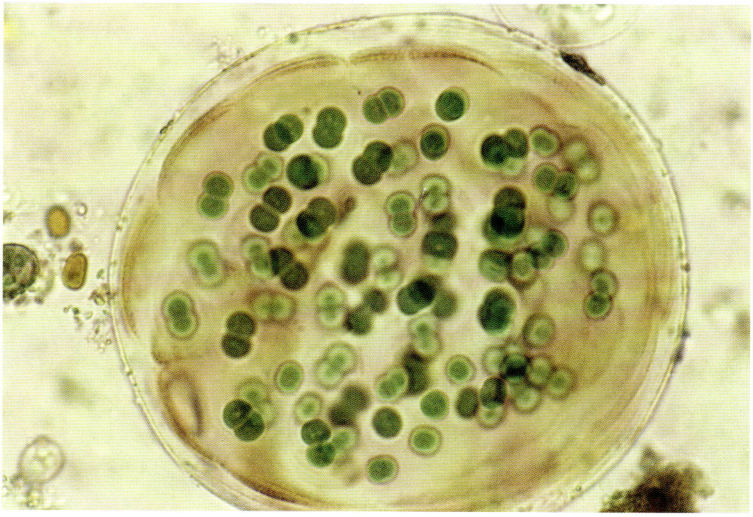

照片 41　滴岩黏球藻 *Gloeocapsa stegophila*（Itzigs.）Rabenh. 群落，×640 [SL-99021 ①]

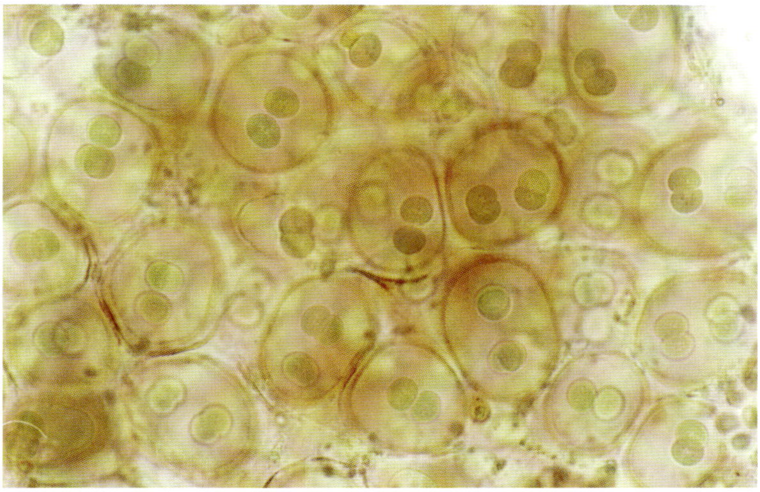

照片 42　高山黏球藻，*Gloeocapsa alpina*（Nag.）Brand 群落，×640 [SL-99056 ③]

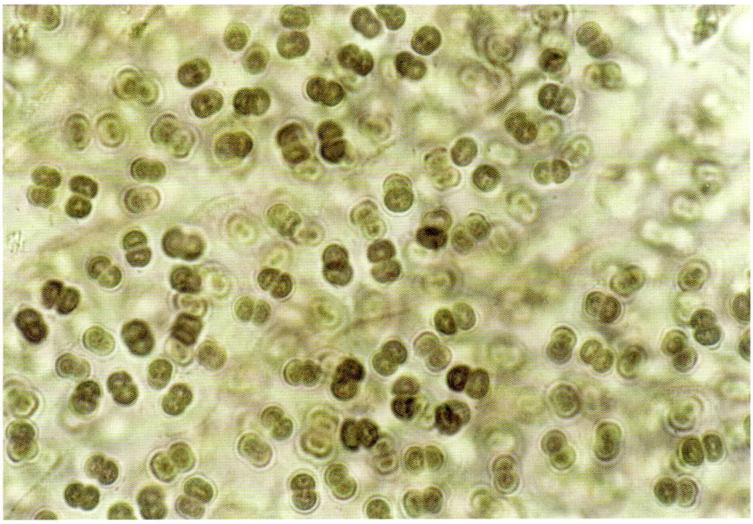

照片 43　黑紫黏球藻 *Gloeocapsa nigrescens* Nag. 群落，×640 [SL-99017 ④]

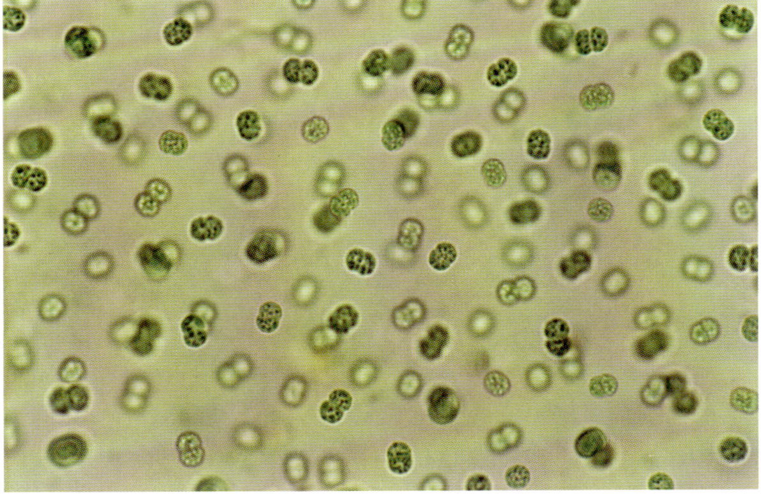

照片 44　水生集胞藻 *Synechocystis aquatilis* Sauv. 群落，×640 [SL-99017 ③]

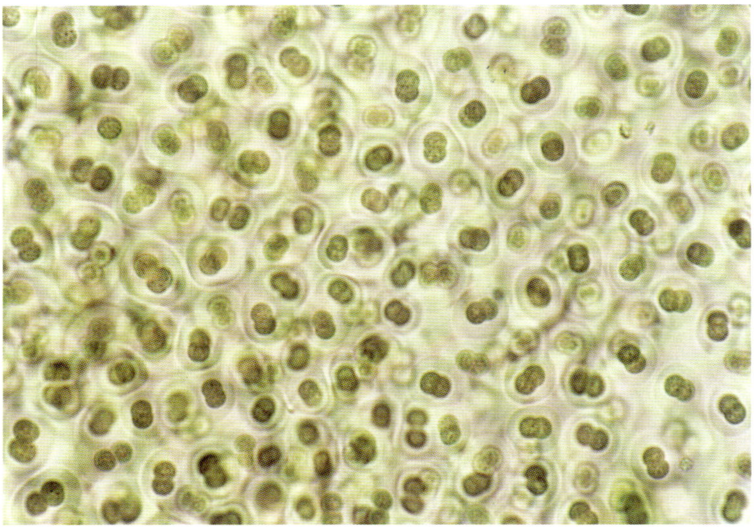

照片 45　膜状色球藻 *Chroococcus membraninus* (Menegh) Nag. 群落，×640 [SL−99017 ⑥]

照片 46　美丽黏囊藻 *Myxosarcina spectabilis* Geitler 群落，×640 [SL −99057 ①]

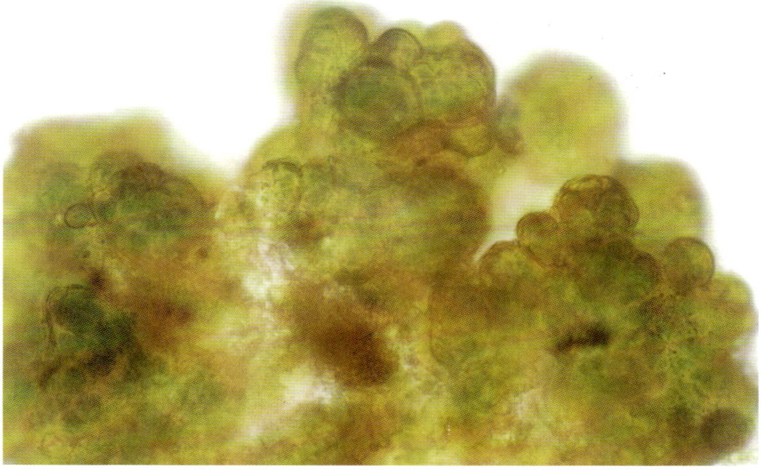

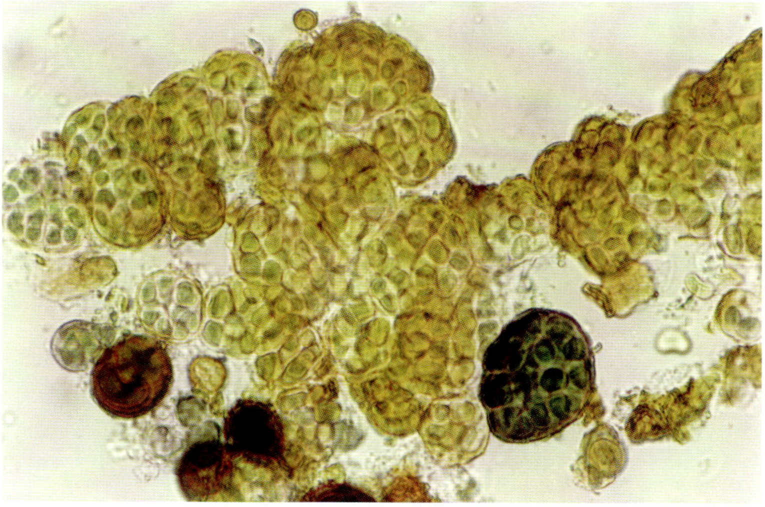

照片 47　煤黑厚皮藻 *Pleurocapsa fuliginosa* Hauck. 晶粒黏球藻 *Gloeocapsa crepidinum* Thuret 群落，×640 [SL−990600 ①]

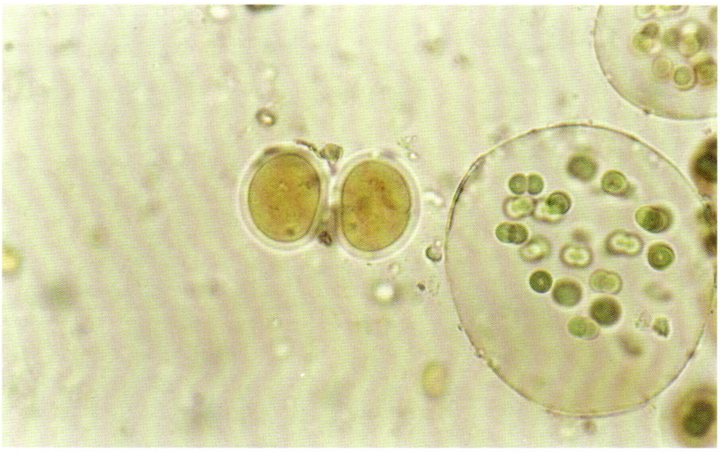

照片 48　膨胀色球藻 *Chroococcus turgidus*（Kütz.）Nag. 水生集胞藻 *Synechocystis aquatilis* Sauv. 群落，×640 [SL −99056 ①]

2. 大型球状藻体群落

由许多大型球状藻体组成的群落。如哈氏念珠藻群落（照片 49、照片 50）、池生念珠藻群落（照片 51）、小型念珠藻群落、红色星球藻群落等。

照片 49　哈氏念珠藻 *Nostoc Hatei* Dixit 群落，×160 [SL−99017 ③]

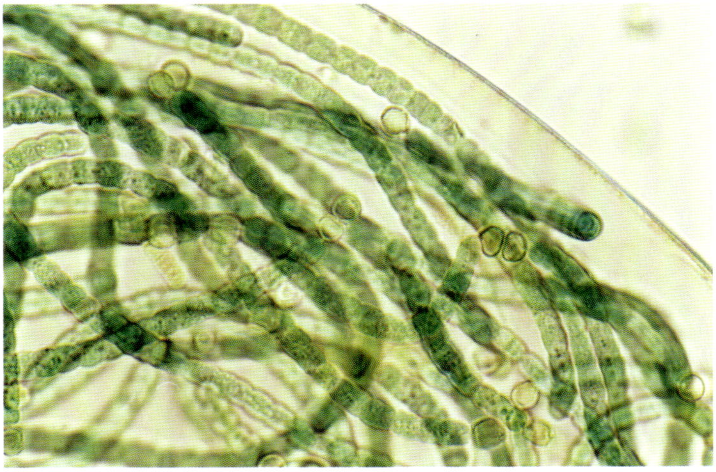

照片 50　哈氏念珠藻 *Nostoc Hatei* Dixit 群落，是上张照片的放大，×640 [SL−99017 ③]

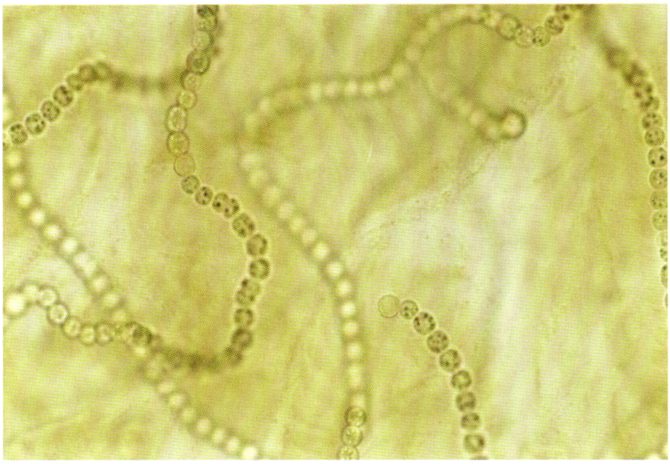

照片 51　池生念珠藻 *Nostoc piscinale* Kützing ex Born. et Flah. 群落，×640 [SL–99017 ②]

3. 丝状藻体群落

由许多丝状藻体组成的群落。不同的丝状藻体在群落中有不同的分布。通常伪枝藻、单歧藻、鞘丝藻（照片 52、照片 53，照片 54）、翅线藻（照片 55）分布于群落的上层；胶须藻、眉藻（照片 56，照片 57）、微鞘藻（照片 58）分布于群落的下层；裂须藻、席藻在群落的上下层都有出现。

照片 52　黑色鞘丝藻 *Lyngbya nigra* G. Ag. ex Gomont 群落，×160 [SL–99034 ①]

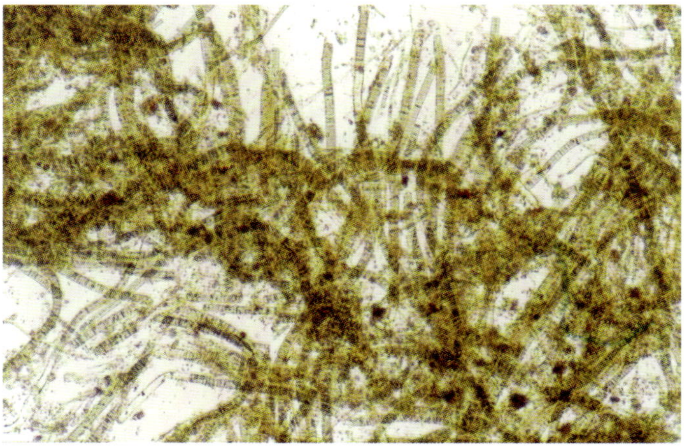

照片 53　锡兰鞘丝藻 *Lyngbya ceylanica* Wille 群落，×640 [SL–99032 ①]

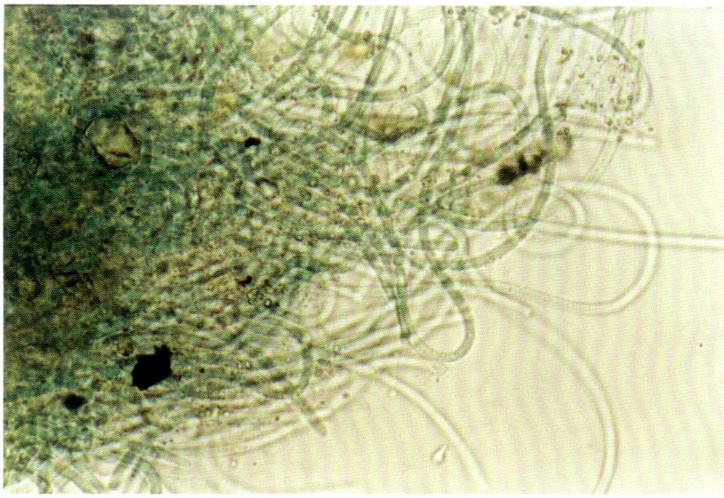

照片 54　栖霞鞘丝藻 *Lyngbya digueti* Gomont 群落，×640 [SL−99016 ①]

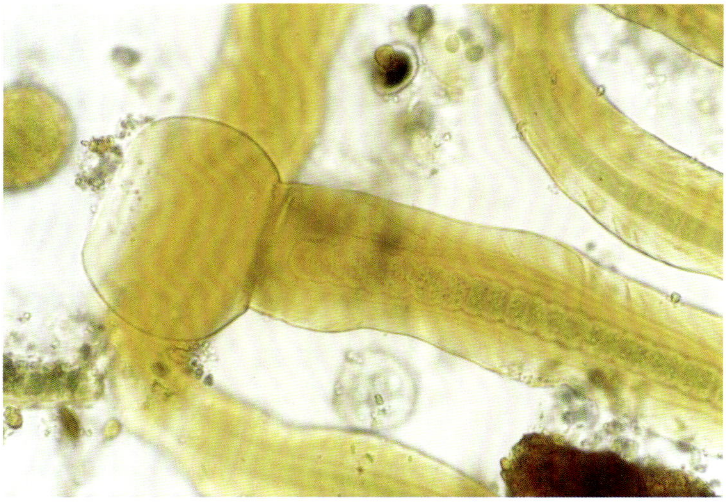

照片 55　内卷翅线藻 *Petalonema involvens*（A. Br.）Migula 群落，×640 [SL−99021 ①]

照片 56　棕色眉藻 *Calothrix fusca*（Kütz.）Bornet et Flahault 群落，×640 [SL−99016 ⑤]

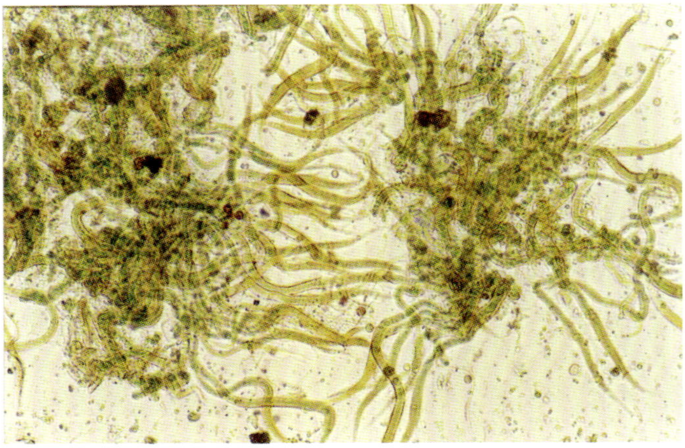

照片 57　墙壁眉藻 *Calothrix parietina* Thuret ex Born. et Flah. 群落，×160 [SL–99061 ②]

照片 58　原型微鞘藻 *Microcoleus chthonoplastes* Thuret ex Gomont 群落，×640 [SL–99035 ①]

4. 小型球状藻体大型球状藻体群落

由许多小型球状藻体和大型球状藻体组成的群落。小型球状藻体通常附生在大型球状藻体上 [图 2–18（a）]。如普通念珠藻寄生微囊藻群落、林氏念珠藻捏团黏球藻寄生微囊藻群落、红色星球藻黑色黏球藻群落等。

5. 小型球状藻体丝状藻体群落

由许多小型球状藻体和丝状藻体组成的群落。分三种类型（表 2–7）：第一，小型球状藻体在丝状藻体之上 [图 2–18（b）]，如晶粒黏球藻 *Gloeocapsa crepidinum* 东方席藻 *Phormidium orientale* 群落。第二，小型球状藻体在丝状藻体之下 [图 2–18（c）]，如栖石土席藻 *Phormidium rubroterricola* 寄生微囊藻群落。第三，小型球状藻体与丝状藻体混生为一体 [图 2–18（d–1 ～ 4）]，根据丝状藻体的生长习性，又可分为平行生长型 [图 2–18（d–1）]，如锡兰鞘丝藻石生黏球藻群落（照片 59）；网状生长型 [图 2–18（d–2）]，如黄色鞘丝藻群落（照片 60）；交织生长型 [图 2–18（d–3）]，如晶粒黏球藻拉氏鞘丝藻群落（照片 61）；分枝生长型 [图 2–18（d–4）]，如黑紫黏球藻皮壳伪枝藻群落（照片 62）、埃氏单歧藻滴岩黏球藻群落（照片 63）、马拉维伪枝藻巨大黏球藻群落（照片 64）、蝇色伪枝藻滴岩黏球藻群落（照片 65）等。

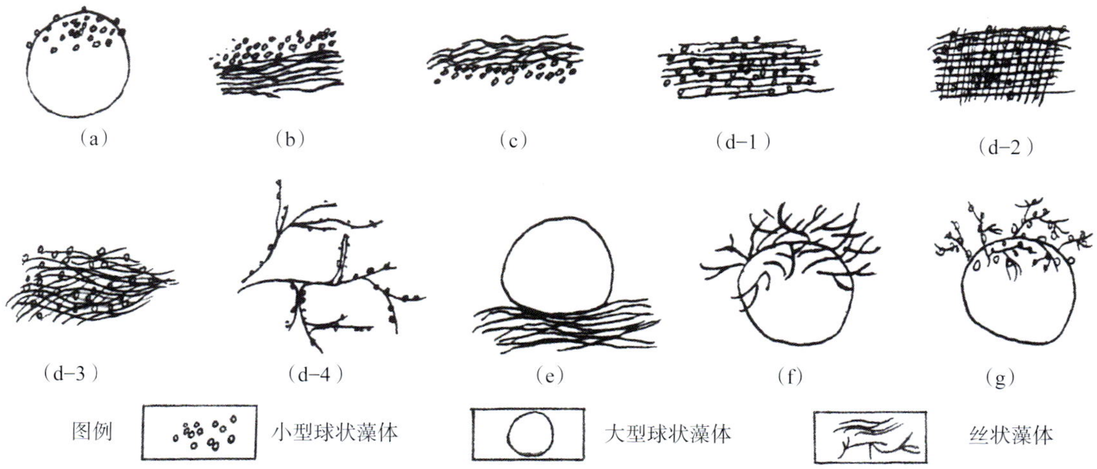

图 2–18　云南石林碳酸盐岩表面体视显微镜 – 生物显微镜观察下气生藻类群落类型简图

（a）小型球状藻体大型球状藻体群落；（b）小型球状藻体丝状藻体群落，小型球状藻体在丝状藻体之上；（c）小型球状藻体丝状藻体群落，小型球状藻体在丝状藻体之下；（d–1）小型球状藻体丝状藻体群落，小型球状藻体与丝状藻体混生为一体，平行生长型；（d–2）小型球状藻体丝状藻体群落，小型球状藻体与丝状藻体混生为一体，网状生长型；（d–3）小型球状藻体丝状藻体群落，小型球状藻体与丝状藻体混生为一体，交织生长型；（d–4）小型球状藻体丝状藻体群落，小型球状藻体与丝状藻体混生为一体，分枝生长型；（e）大型球状藻体丝状藻体群落，大型球状藻体在丝状藻体之上；（f）大型球状藻体丝状藻体群落，大型球状藻体在丝状藻体之下；（g）小型球状藻体大型球状藻体丝状藻体群落。

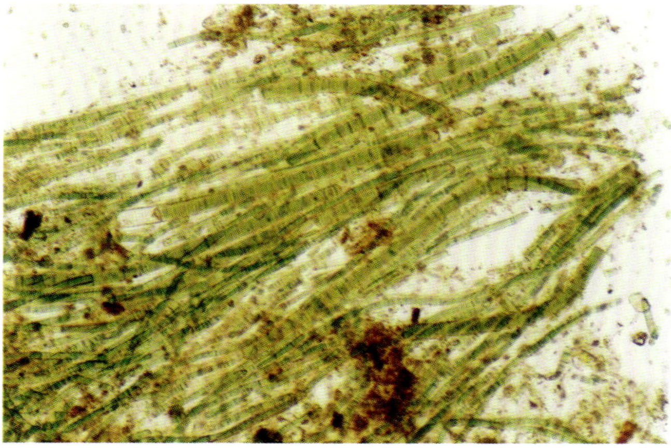

照片 59　平行生长型，锡兰鞘丝藻 *Lyngbya ceylanica* Wille 石生黏球藻 *Gloeocapsa rupestris* Kütz. 群落，×160 [SL–99032 ①]

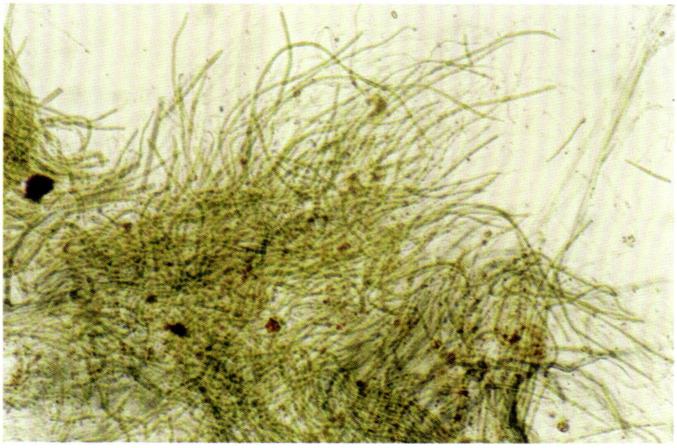

照片 60　网状生长型，黄色鞘丝藻 *Lyngbya lutea*（Ag.）Gomont 群落，×160 [SL–99013 ②]

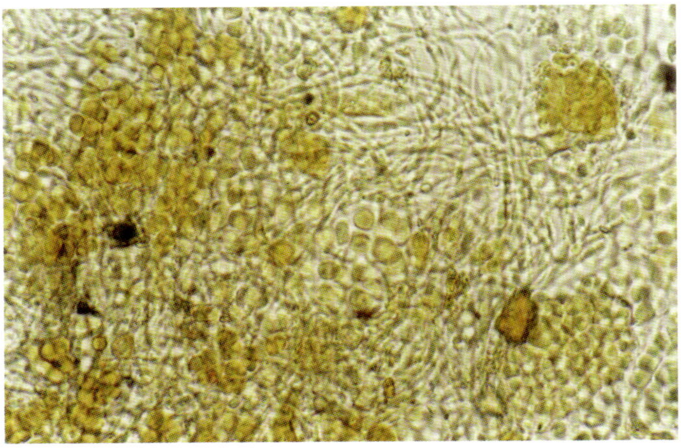

照片 61　交织生长型，晶粒黏球藻 *Gloeocapsa crepidinum* Thuret 拉氏鞘丝藻 *Lyngbya Lachneri*（Zimmermann）Geitler 群落，×640 [SL–99059 ③]

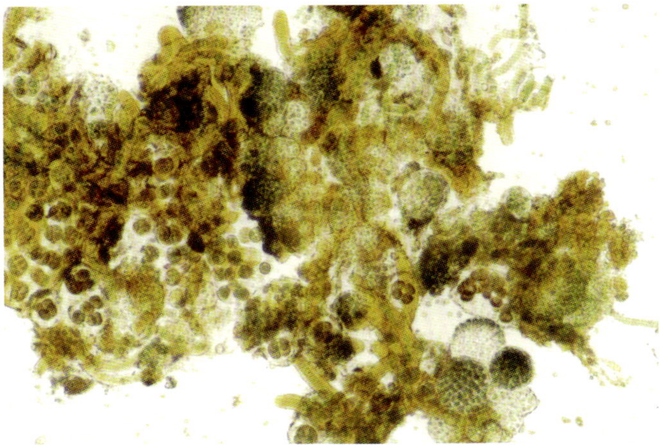

照片 62　分枝生长型，黑紫黏球藻 *Gloeocapsa nigrescens* Nag. 皮壳伪枝藻 *Scytonema crustaceum* Ag. 群落，×160 [SL–99040 ①]

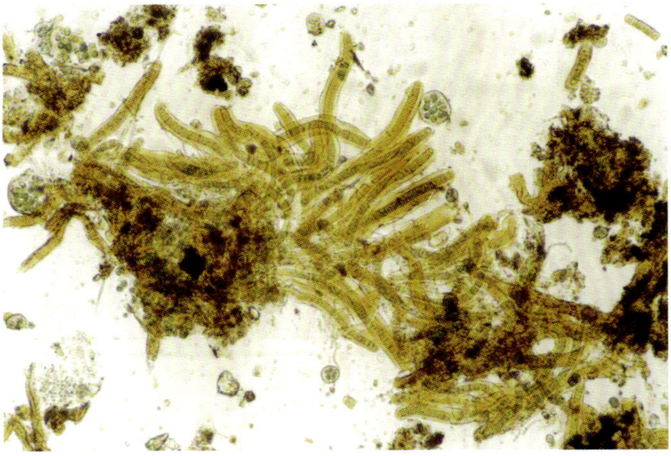

照片 63　分枝生长型，埃氏单歧藻 *Tolypothrix Elenkinii* Hollerb. 滴岩黏球藻 *Gloeocapsa stegophila*（Itzigs.）Rabenh. 群落，×160 [SL–99036 ①]

6. 大型球状藻体丝状藻体群落

由许多大型球状藻体和丝状藻体组成的群落。分两种类型（表 2–7）：第一，大型球状藻体在丝状藻体之上 [图 2–18（e）]，如池生念珠藻易碎单歧藻 *Tolypothrix fragilis* 群落。第二，大型球状藻体在丝状藻体之下 [图 2–18（f）]，如莉氏念珠藻缅甸伪枝藻 *Scytonema burmanicum* 群落。

照片 64　分枝生长型，马拉维伪枝藻 *Scytonema malaviyaensis* Bharadwaja 巨大黏球藻 *Gloeocapsa gigas* W. et G. S. West 群落，×640 [SL-99058 ①]

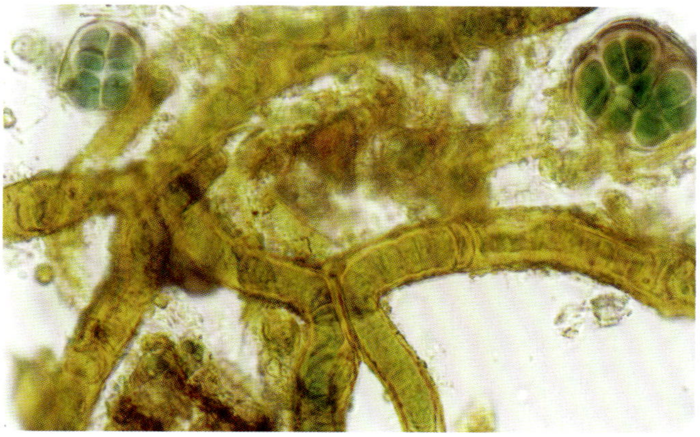

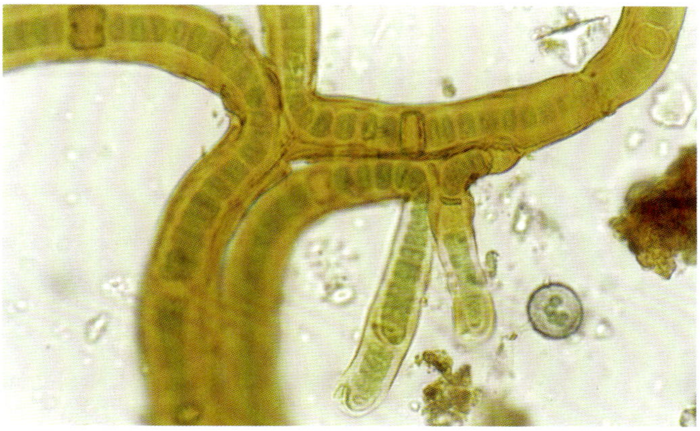

照片 65　分枝生长型，蝇色伪枝藻 *Scytonema myochrous*（Dillw.）Ag. 滴岩黏球藻 *Gloeocapsa stegophila*(Itzigs.) Rabenh. 群落，×640 [SL-99056 ②]

7. 小型球状藻体大型球状藻体丝状藻体群落

由许多小型球状藻体、大型球状藻体和丝状藻体组成的群落 [图 2-18（g）]。如易碎单歧藻岩生黏杆藻库氏隐球藻 *Aphanocapsa Koordersi* 群落（照片 66）、透明星球藻帕氏伪枝藻群落（照片 67）、库氏隐球藻笔状裂须藻 *Schizothrix penicillata* 群落。

三、肉眼 - 生物显微镜观察下气生藻类的群落类型与体视显微镜 - 生物显微镜观察下气生藻类的群落类型的关系

群落类型关系如表 2-8 所列。从表中看出，两种群落类型之间的关系是十分复杂的。肉眼 - 生物显微镜观察下气生藻类群落的一种类型，具有解剖显微镜 - 生物显微镜观察下气生藻类群落的多种类型。

表 2-8　云南石林碳酸盐岩表面肉眼 - 生物显微镜观察下气生藻类的群落类型与体视显微镜 - 生物显微镜观察下气生藻类的群落类型的关系

肉眼 - 生物显微镜观察下气生藻类群落类型	群落类型的优势种	主要具有的体视显微镜 - 生物显微镜观察下气生藻类群落类型（参见表 2-7）
墨水带	伯氏伪枝藻、寄生微囊藻等	A. B. C. D. E. F. G
粉末	皮壳伪枝藻、二型隐球藻、红色星球藻等	A. B. C. D. E. F. G
壳状	皮壳伪枝藻、滴岩黏球藻、红色星球藻等	A. B. C. D. E. F. G

肉眼－生物显微镜观察下气生藻类群落类型	群落类型的优势种	主要具有的体视显微镜－生物显微镜观察下气生藻类群落类型（参见表 2-7）
膜状	帕氏伪枝藻、米氏伪枝藻、捏团黏球藻	A. B. C. D. E. F. G
皮状	红网鞘丝藻钙质变种、易脆裂须藻、翠绿微囊藻	A. C. E
斑块	果实管孢藻、红色星球藻、棒状皮果藻	A. C. E
球状	林氏念珠藻、红网鞘丝藻钙质变种	A. B. C. D. F. G
粉末斑块	皮壳伪枝藻、喜钙念珠藻、红色星球藻	A. B. C. D. E. F. G
粉末壳状	帕氏伪枝藻、亚麻色单歧藻、棕黄微囊藻	A. B. C. D. E. F. G
膜状球状	伯氏伪枝藻、池生念珠藻、红色星球藻	A. B. C. D. E. F. G
膜状片状	盐生伪枝藻印度变种、寄生微囊藻	A. C. E
其它	墙壁眉藻、塞斯西雅隐球藻	A. B. C. D. E. F. G

照片 66　易碎单歧藻 *Tolypothrix fragilis*（Gardn.）Geitler 岩生黏杆藻 *Gloeothece rupestris*（Lyngb.）Bornet 库氏隐球藻 *Aphanocapsa Koordersi* Strom 群落，×640 [SL-99006 ⑩]

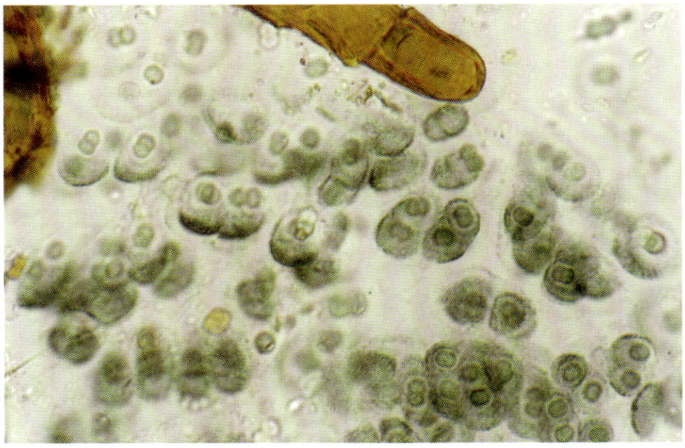

照片 67　透明星球藻 *Asterocapsa hyalina* Chu 帕氏伪枝藻 *Scytonema Pascheri* Bharadwaja 群落，×640 [SL-99056 ①]

第四节　云南石林不同片区碳酸盐岩表面的气生藻类比较

对云南石林中大小石林、乃古石林及李子园箐等几个片区碳酸盐岩表面的蓝藻体积相对数和出现相对次数进行统计，得出以下图 2-19 ~图 2-23：

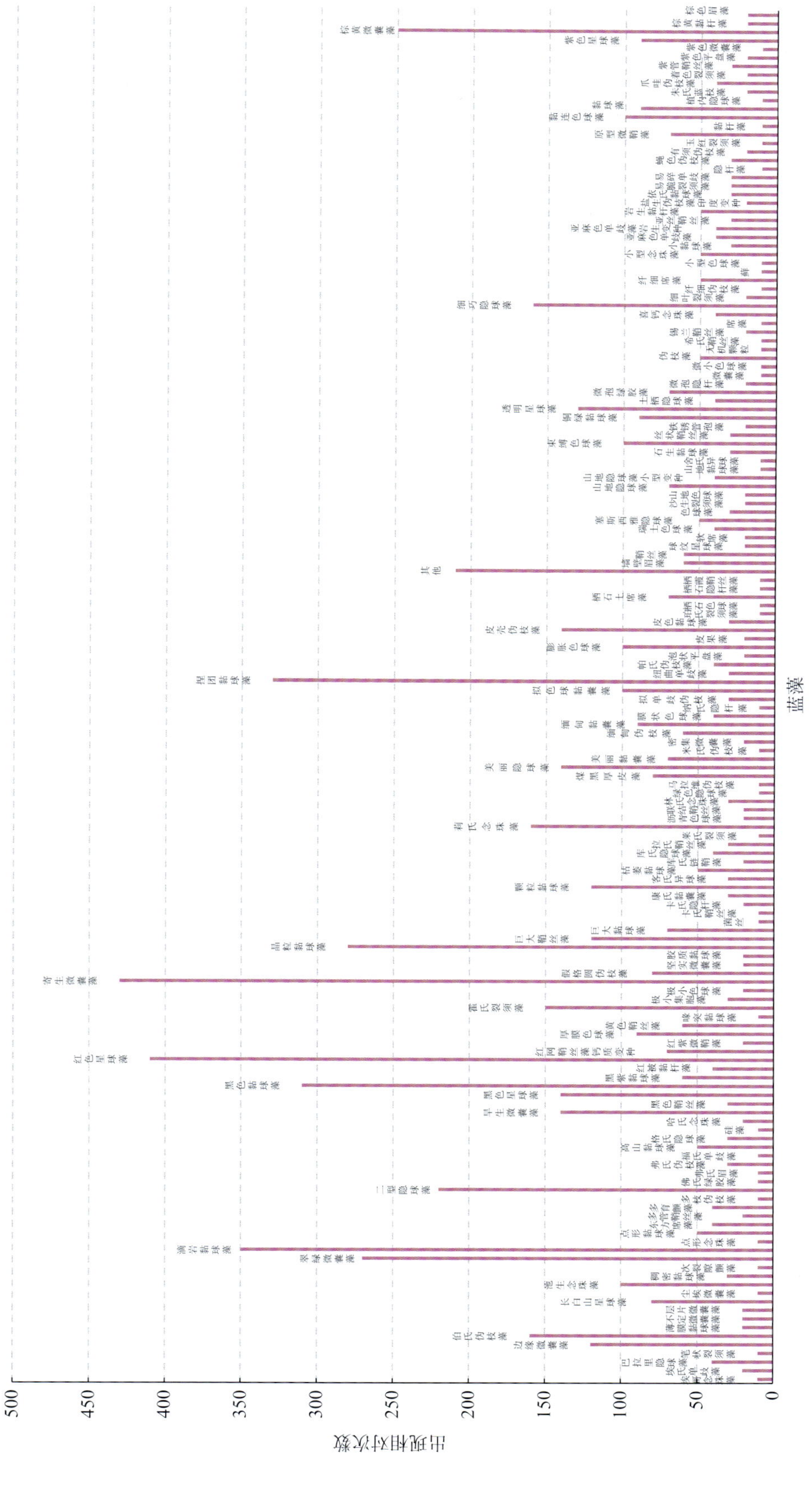

图 2-19　云南石林中大小石林景区碳酸盐岩表面蓝藻出现相对次数对比图

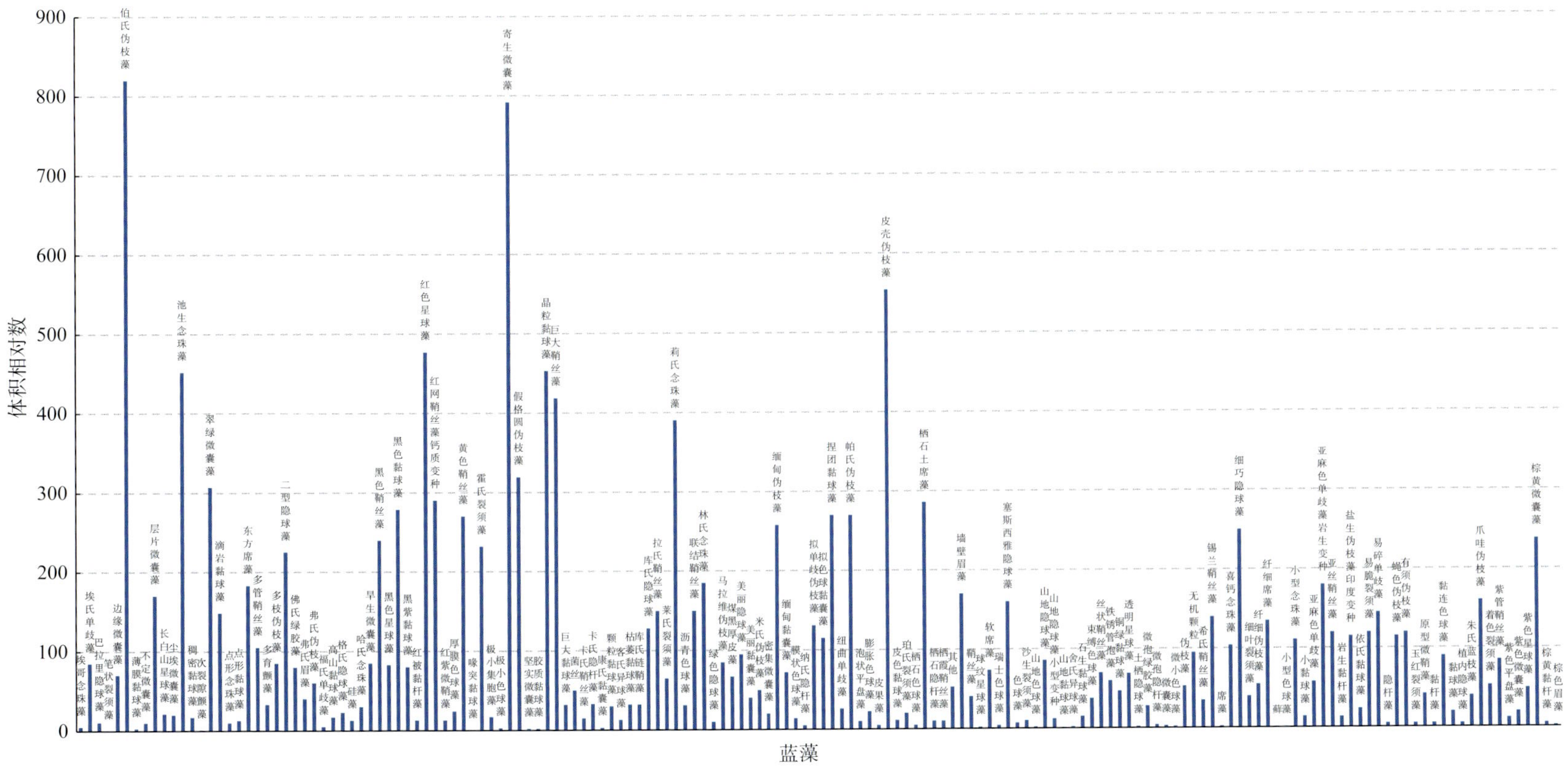

图 2-20　云南石林中大小石林景区碳酸盐岩表面蓝藻体积相对数对比图

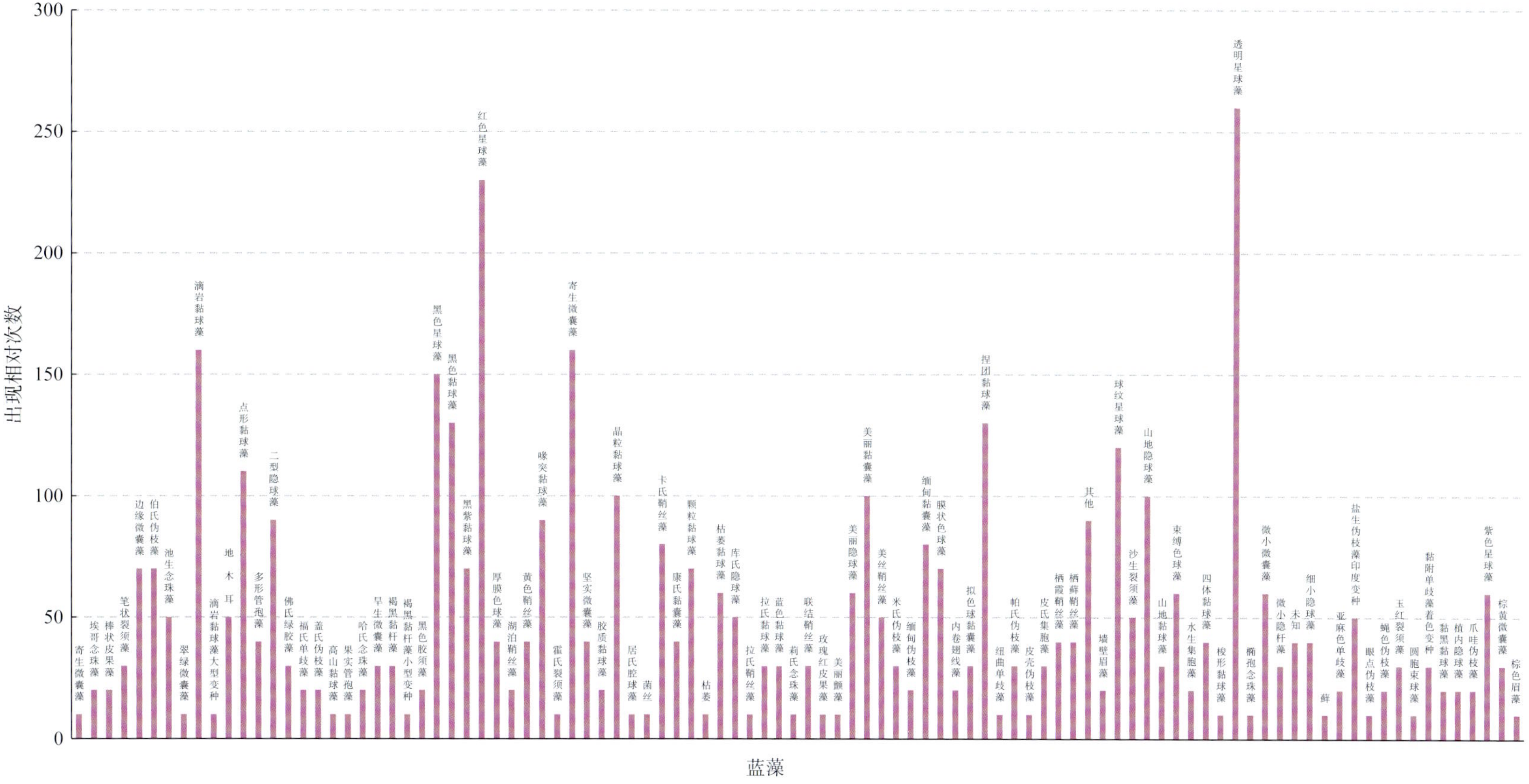

图 2-21　云南石林中乃古石林景区碳酸盐岩表面蓝藻出现相对次数对比图

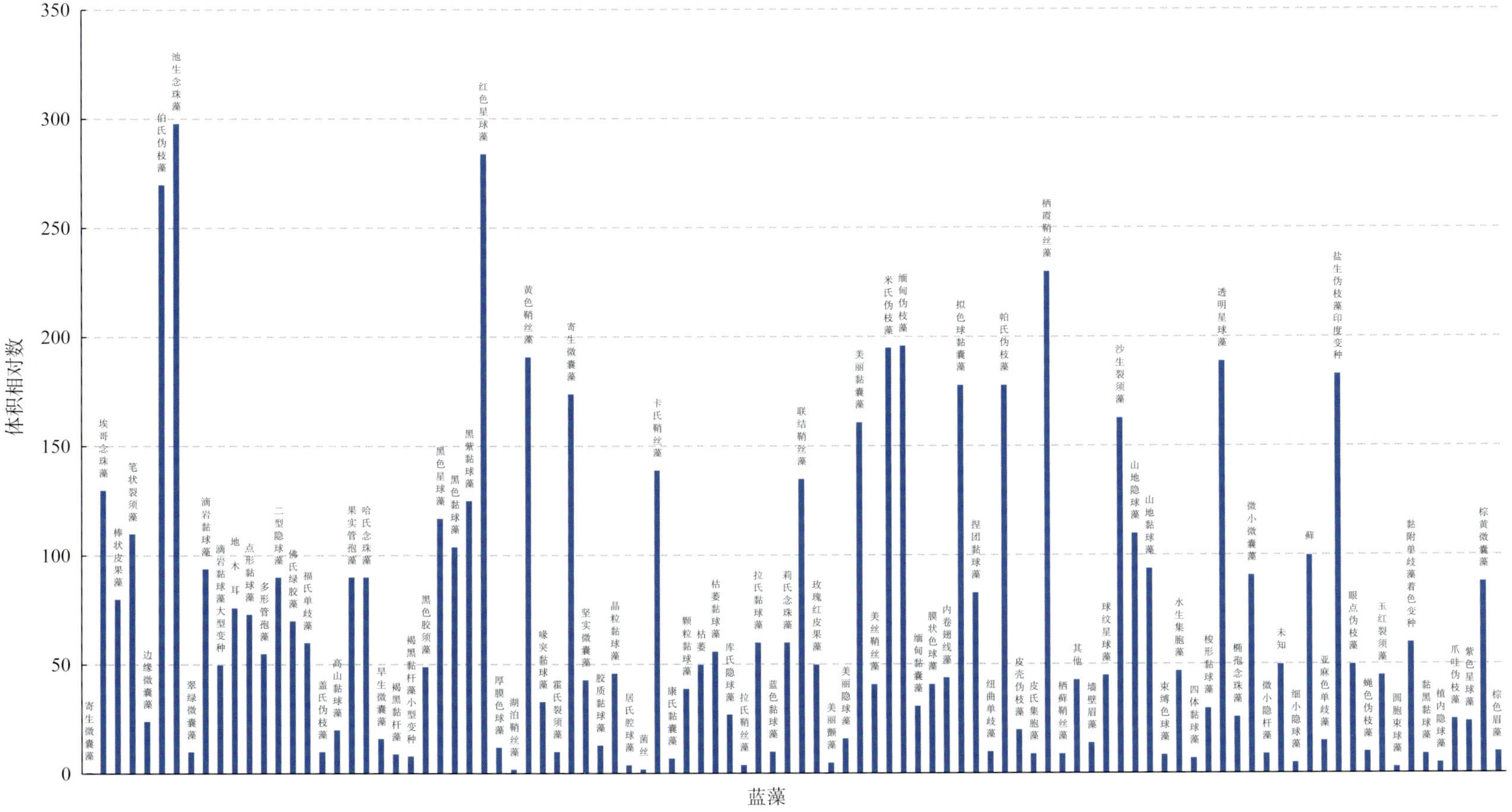

图 2-22　云南石林中乃古石林景区碳酸盐岩表面蓝藻体积相对数对比图

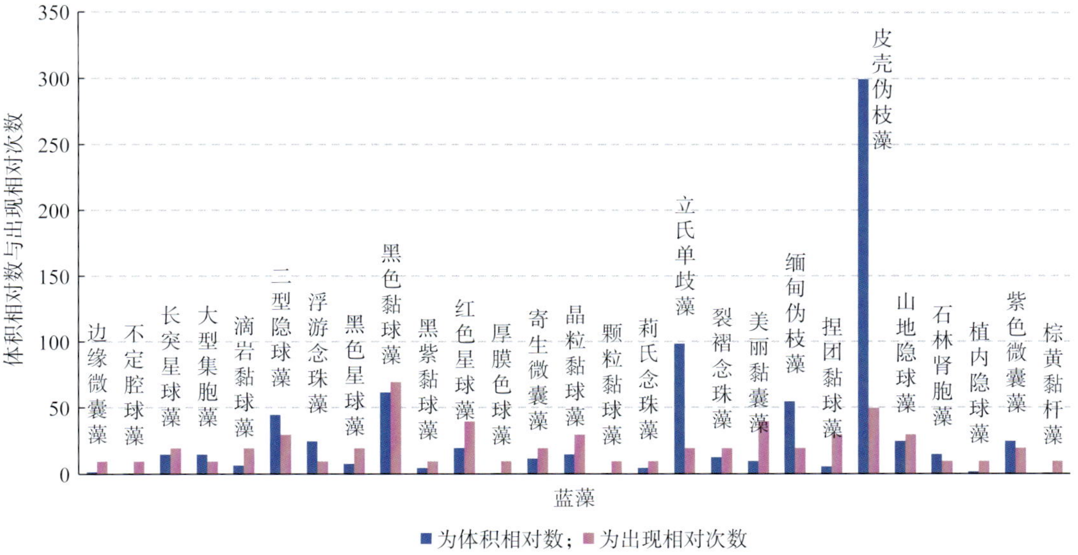

图 2-23　云南石林李子园箐景区碳酸盐岩表面的蓝藻体积相对数出现相对次数对比图

根据以上 5 幅图，可得出表 2-9：

表 2-9　云南石林不同片区碳酸盐岩表面的气生藻类比较

研究区	体积相对数	出现相对次数
大小石林	伯氏伪枝藻 > 寄生微囊藻 > 皮壳伪枝藻	寄生微囊藻 > 红色星球藻 > 滴岩黏球藻
乃古石林	池生念珠藻 > 红色星球藻 > 伯氏伪枝藻	透明星球藻 > 红色星球藻 > 寄生微囊藻
李子园箐	皮壳伪枝藻 > 立氏单歧藻 > 黑色黏球藻	黑色黏球藻 > 皮壳伪枝藻 > 红色星球藻

从表 2-9 可以看出，在大小石林和乃古石林广泛分布着伯氏伪枝藻和寄生微囊藻，而在李子园箐（包括万年灵芝一带）广泛分布着黑色黏球藻和皮壳伪枝藻。

第五节　云南石林不同岩性碳酸盐岩表面的气生藻类比较

蓝藻的分布主要受微环境的影响，蓝藻所着生的基质的岩性作为微环境的一个因子，也影响着蓝藻分布。

从表 2-10 可看出，各景区的 CaO/MgO 值有着明显的差距：乃古石林 < 大石林 < 万年灵芝 < 李子园箐。而从上述表 2-9 可看出，在大小石林和乃古石林（照片 68、照片 69）广泛分布着伯氏伪枝藻和寄生微囊藻，而在李子园箐和万年灵芝广泛分布着黑色黏球藻和皮壳伪枝藻。

照片 68　乃古石林，岩石内含有许多硅质结核（Ⅱ 11）

照片 69　乃古石林，三角亭（Ⅱ 22）

表 2-10 云南石林不同岩性碳酸盐岩表面的气生藻类比较

岩石样品号	岩石表面体积相对数较大的藻类	地点	化学成分 /%								CaO/MgO
			SiO_2	Al_2O_3	Fe_2O_3	MnO	MgO	CaO	SO_3	LOI 烧失量	
Y-990001	红网鞘丝藻钙质变种、林氏念珠藻、易脆裂须藻	大石林	0.06	0.05	0.14	0.01	0.22	54.77	0.02	44.10	248.95
Y-990003	寄生微囊藻	大石林	0.10	0.02	0.01	0.01	0.18	54.91	0.01	44.06	305.05
Y-990004	黄色鞘丝藻、沙生裂须藻、黑色胶须藻	乃古石林	0.07	0.03	0.29	0.04	19.38	32.66	0.02	47.06	1.69
Y-990006	帕氏伪枝藻、寄生微囊藻、池生念珠藻	乃古石林	0.01	0.01	0.07	0.01	6.92	46.76	0.02	45.28	6.76
Y-990007	多形管孢藻、福氏单歧藻、眼点伪枝藻	乃古石林	0.07	0.04	0.12	0.01	0.55	53.76	0.01	44.56	97.74
Y-990008	伯氏伪枝藻、池生念珠藻	乃古石林	0.06	0.01	0.35	0.03	13.9	38.59	0.02	46.80	2.78
Y-990010	——	大石林	0.09	0.05	0.15	0.01	0.29	54.40	0.02	44.18	187.59
Y-990011	埃氏单歧藻	大石林	0.15	0.01	0.20	0.02	0.18	54.25	0.02	44.17	301.39
Y-990012	地衣	大石林	0.27	0.02	0.13	0.01	0.28	54.32	0.02	43.93	194
Y-990013	——	大石林	0.01	0.01	0.04	0.01	0.24	55.79	0.01	43.75	232.46
Y-990015	地衣、立氏单歧藻	万年灵芝	0.08	0.07	0.05	0.01	0.16	55.51	0.02	44.00	346.94
Y-990016	皮壳伪枝藻、地衣	万年灵芝	0.01	0.02	0.05	0.01	0.24	54.54	0.02	44.08	227.25
Y-990017	皮壳伪枝藻、地衣	万年灵芝	0.16	0.01	0.29	0.01	0.26	54.12	0.01	44.21	208.15
Y-990018	黑色黏球藻、皮壳伪枝藻	李子园箐	0.11	0.04	0.07	0.03	0.13	55.27	0.02	43.60	425.15
Y-990019	黑色黏球藻	李子园箐	0.13	0.06	0.07	0.01	0.30	54.66	0.02	44.16	182.2
Y-990021	有须伪枝藻、铁锈管孢藻	大石林	0.12	0.05	0.09	0.01	0.28	54.65	0.02	44.08	195.18
Y-990023	——	大石林	0.04	0.03	0.10	0.01	0.23	55.05	0.03	43.70	239.35
Y-990024	——	大石林	14.33	0.03	0.15	0.01	0.26	48.40	0.02	36.64	186.15
Y-990025	——	大石林	0.02	0.03	0.13	0.01	0.36	54.45	0.04	44.10	151.25
Y-990027	伯氏伪枝藻、层片微囊藻、缅甸伪枝藻、莉氏念珠藻	大石林	0.16	0.06	0.03	0.01	0.24	55.07	0.03	43.38	229.46

第三章　云南石林碳酸盐岩表面气生藻类对石林溶蚀形态形成的作用

生物喀斯特是指由生物引起的喀斯特作用现象及其产物，它包括溶蚀作用和沉积作用两方面。生物喀斯特的溶蚀作用，是生物通过生长和新陈代谢活动，导致对岩石表面遭受的钻孔和破坏作用；沉积作用，则是生物通过生长和新陈代谢活动，导致水溶液中 $CaCO_3$ 沉淀、凝固而形成次生碳酸盐岩的作用。云南石林作为典型的喀斯特地区，气生藻类对其形态有着积极的生物喀斯特作用，主要表现为生物溶蚀作用，也有少量的生物沉积作用。

第一节　云南石林溶蚀形态

生物喀斯特作用的结果，是形成各种各样的生物喀斯特形态。就溶蚀形态来说，目前的文献中有不同的分类，如表 3-1 所列：

表 3-1　生物喀斯特溶蚀形态的分类

作者	分类对象	分类
张捷等，1995	生物喀斯特微形态	10^{1} ~ 10^{0} m　小型 10^{0} ~ 10^{-3} m　微型 10^{-3} ~ 10^{-5} m　亚超微型 $<10^{-5}$ m　超微型
曹建华，1993；王福星，1996	生物喀斯特溶蚀形态（依据直径）	$>10^{-1}$ m　溶盆 10^{-1} ~ 2.1×10^{-2} m　溶坑 2×10^{-2} ~ 10^{-3} m　溶孔 $<10^{-3}$ m　微溶孔
曹建华等，1996	生物喀斯特钻孔溶蚀形态	10^{-1} ~ 10^{-2} m　中型生物钻孔溶蚀形态 10^{-2} ~ 10^{-3} m　小型生物钻孔溶蚀形态 10^{-3} ~ 10^{-4} m　微型生物钻孔溶蚀形态

本书为了研究和叙述的方便，对溶蚀形态进行如表 3-2 的分类：

表 3-2　云南石林溶蚀形态分类

溶蚀形态分类	划分标准	次级分类
微型溶蚀形态	借助体视镜或电镜才能观察到的溶蚀形态 $<10^{-3}$ m	溶穴、溶窝、钻孔、微沟和微缝

续表

溶蚀形态分类	划分标准	次级分类
小型溶蚀形态	在野外肉眼下清楚可见 10^{-1} ~ 10^{-3} m	鱼鳞状、半球状、球状、平行凹槽、圆坑、不规则凹穴、不规则小坑、不规则复杂形态、简单形态、表面光滑石牙、向光棘刺状
中型溶蚀形态	10^{0} ~ 10^{-1} m	梳状溶痕、溶坑、溶盆、溶沟、溶槽
大型溶蚀形态	>10^{0} m	剑状岩体、锥状岩体、蕈状岩体

一、微型溶蚀形态

微型溶蚀形态（<10^{-3} m），是指要借助体视镜或电镜才能观察到的溶蚀形态。主要表现为钻孔、溶穴、溶窝、微沟和微缝等（照片 3、照片 4、照片 5）。

1. 体视镜观察

对云南石林碳酸盐岩表面生物喀斯特微型溶蚀形态进行体视镜（OPTON，STATIV U，WEST GERMANY，47 51 03，220V，50…60 HZ(CPS)，32VA）观察时，发现以下现象：

1）观察碳酸盐岩的纵剖面时，发现其表层均为一层厚为 1.5 mm 左右的灰白色疏松多孔层（照片 3、照片 4、照片 5）；

2）碳酸盐岩的表面均由不同种类和大小的藻类群落覆盖（局部地方有地衣出现），许多藻类深入到岩石中，有的还生活在岩石内部（照片 6）；

3）碳酸盐岩表面的藻类群落，空气干燥时，失水紧缩；一旦遇水，便吸水膨胀，其膨胀体积能达到紧缩时的 3 ~ 6 倍（照片 7、照片 8、照片 9、照片 10）。

2. 扫描电子显微镜观察

选取岩石标本的典型部位，制成米粒大小的小标本。将小标本放到直径约 1 cm 的圆铜片上，喷金后即可放到扫描电子显微镜下观察。观察时，可先从低倍逐渐到高倍。选取反映溶蚀情况较好的视野，拍照。所用仪器：扫描电子显微镜 [X−650，Hitachi（日本），南京大学，No：06196]。观察结果如下：

1）许多球状、半球状和不规则形状的溶穴和溶窝内部有球状藻类生活，且溶穴和溶窝的形状与藻类的外形相吻合（照片 70 ~ 92）。

2）许多丝状藻类对岩石进行钻孔，形成钻孔（照片 93 ~ 117）。丝状藻类多喜欢生活在岩石的缝隙等薄弱环节（照片 104、照片 105、照片 106 ~ 111），形成微沟和微缝。这一点类似高等植物根系在岩石表面的生长。

3）发现一些非藻类形态控制的溶蚀形态，它们的形成主要受岩石的微结构和物质成分的控制（照片 119 ~ 129）。由于矿物结晶习性和结晶条件的限制，矿物晶体内部存在着离子、分子联系力薄弱部位，如晶格缺陷、错位、解理和解理交汇处，具侵蚀性的水首先选择这些部位进行溶蚀；另外，碳酸盐矿物的晶格能和溶解度越低越易被先溶解（韩宝平，1988，1993，1998）。

照片 70　李子园箐。许多球状、半球状和不规则形状的溶穴和溶窝内部有球状藻类生活，且溶穴和溶窝的形状与藻类的外形相吻合。藻群落控形作用形成更大的不规则溶蚀形态 [Y−99036]

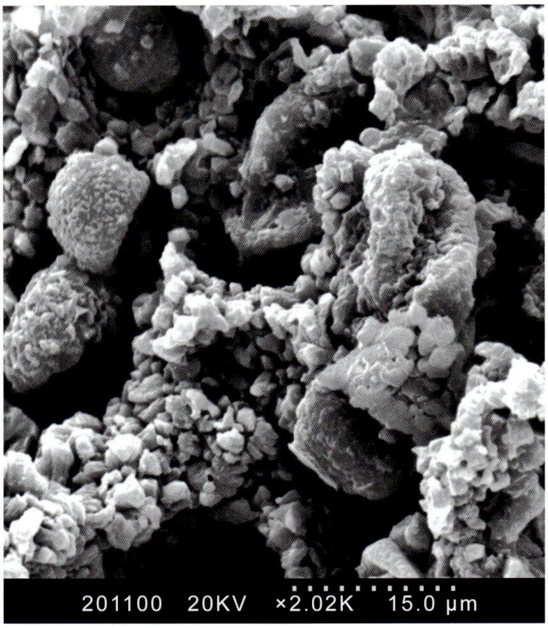

照片 71　同前 [Y−99036]

照片 72　是照片 70 的低倍镜下的溶蚀形态 [Y−99036]

照片 73　李子园箐。藻群落控形作用形成更大的不规则的溶蚀形态 [Y−99036]

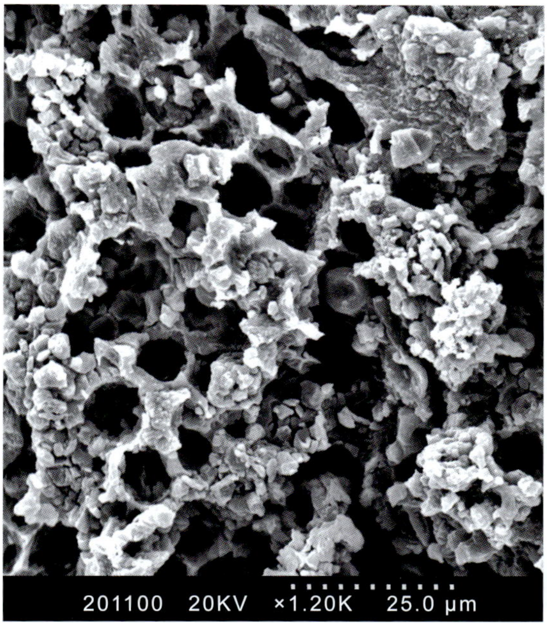

照片 74　李子园箐。内陷的溶蚀形态与藻体的形态相吻合，球状的藻体溶蚀形成球状或半球状溶蚀形态，藻群落控形作用形成更大的不规则溶蚀形态 [Y-99036]

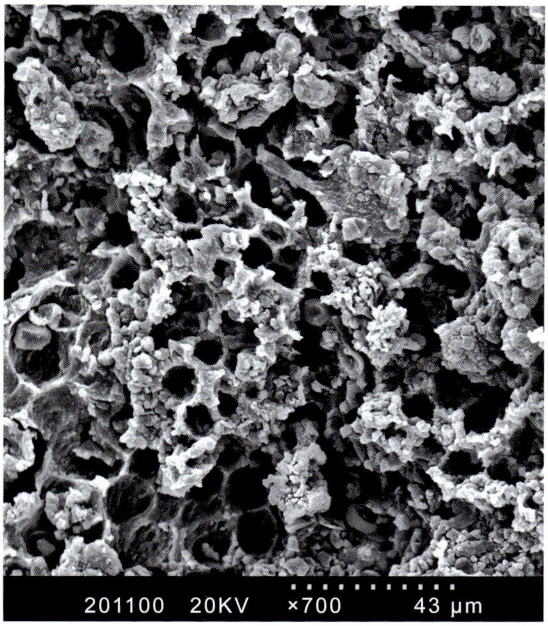

照片 75　是前一张的低倍镜下的溶蚀形态 [Y-99036]

3. 微型溶蚀形态的形成

在微型溶蚀形态的形成中，气生藻类有着强烈的溶蚀作用，其作用随着藻类处于不同的发育阶段表现不同。下面根据藻类的几个发育阶段：着生、生长、繁殖、衰老和死亡分别叙述（图 3-1）。

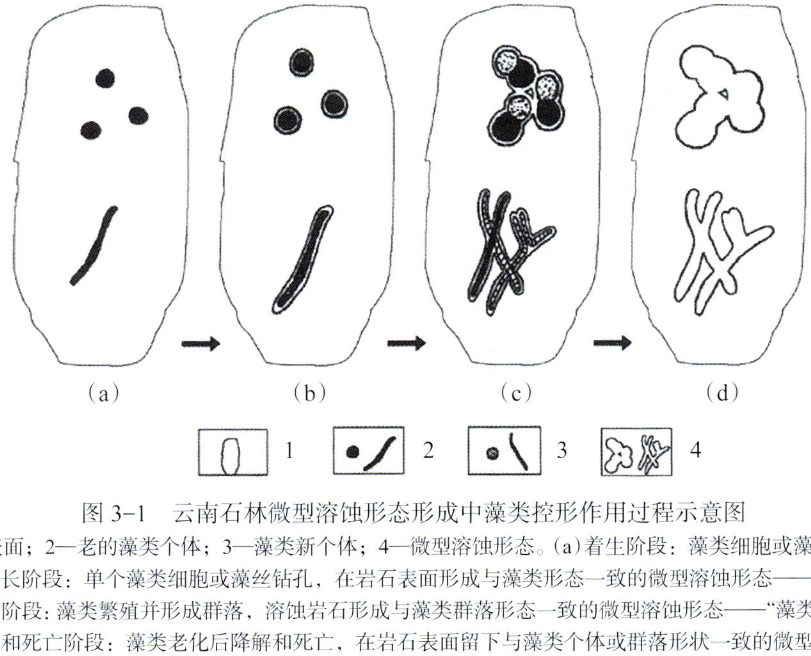

图 3-1　云南石林微型溶蚀形态形成中藻类控形作用过程示意图

1—碳酸盐岩表面；2—老的藻类个体；3—藻类新个体；4—微型溶蚀形态。(a)着生阶段：藻类细胞或藻丝在碳酸盐岩表面着生；(b)生长阶段：单个藻类细胞或藻丝钻孔，在岩石表面形成与藻类形态一致的微型溶蚀形态——"藻类个体控形作用"；(c)复制阶段：藻类繁殖并形成群落，溶蚀岩石形成与藻类群落形态一致的微型溶蚀形态——"藻类群落控形作用"；(d)衰老和死亡阶段：藻类老化后降解和死亡，在岩石表面留下与藻类个体或群落形状一致的微型溶蚀形态

（1）着生

喀斯特地区，碳酸盐岩一旦露头，便开始接受地表营力的改造，这些营力包括风、雨、生物等。藻类的细胞、细胞列或孢子等，在这时随着风或水等自然力来到露头的碳酸盐岩表面，那些适应于干旱少水的岩石表面环境的气生藻类最有可能被选择而定居下来，它们多数是蓝藻，蓝藻具有较厚的胶鞘或胶被，能够牢固地固定在岩石表面。藻类在碳酸盐岩表面最初着生的位置多半集中在岩石的凹陷处，这里的凹陷是相对于气生藻类的大小而言，其大小从 0.1 ~ 20 μm 或以上，它可能是碳酸盐岩表面矿物晶体的解理、解理交汇、位错或晶格缺陷处，也可能是碳酸盐岩中的原生孔隙（岩石在沉积成岩阶段所形成的孔隙，后来一直保持下来没有受到溶蚀改造）或次生孔隙（岩石成岩以后由于受到溶蚀作用而形成的各类空隙）。因为凹陷处往往是雨水停留汇集的地方，藻类在此能获得较多的水分，更容易生存下来 [图 3-1（a）]。特别是气生藻类的着生速度非常快，一场雨或一两天就能完成。

（2）生长

藻类通过胶鞘或胶被向周围分泌、释放酸性物质（有机酸、CO_2 和螯合代谢物），对所着生的碳酸盐岩发生强烈的溶蚀，并获得所需的营养元素（Ca^{2+} 对细胞的分裂、顶端细胞的伸长和运动等具有特别重要的意义），不断生长，球状藻类由小变大，丝状藻类由细变粗、由短变长。原来所着生的凹陷部位，因藻类的强烈溶蚀而不断内陷（照片 70 ~ 75）。内陷的溶蚀形态与藻体的形态相吻合，球状的藻体溶蚀形成球状或半球状溶蚀形态（照片 74、照片 81、照片 83 ~ 85、照片 88 ~ 90），丝状的藻体溶蚀形成微沟或微缝（照

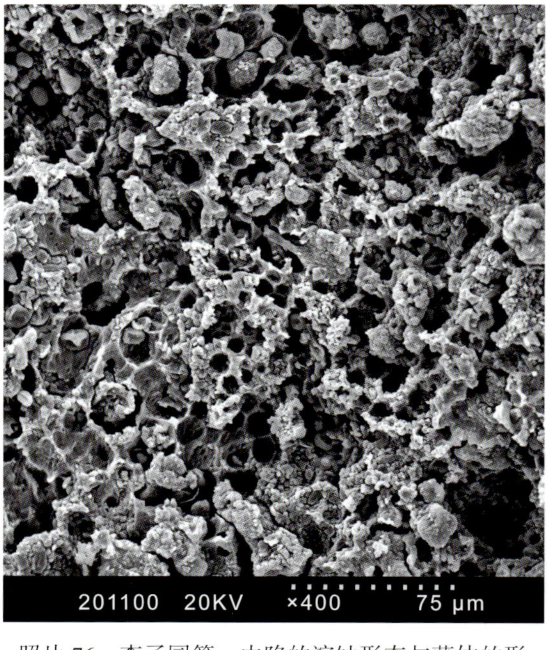

照片 76　李子园箐。内陷的溶蚀形态与藻体的形态相吻合，球状的藻体溶蚀形成球状或半球状溶蚀形态，藻群落控形作用形成更大的不规则溶蚀形态 [Y-99036]

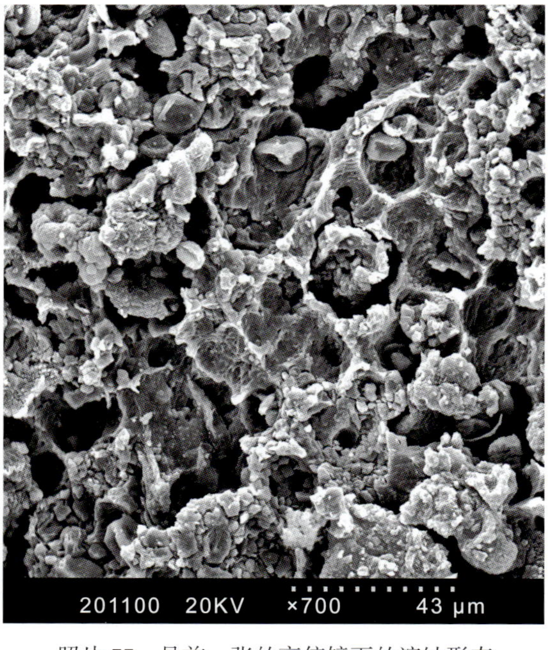

照片 77　是前一张的高倍镜下的溶蚀形态 [Y-99036]

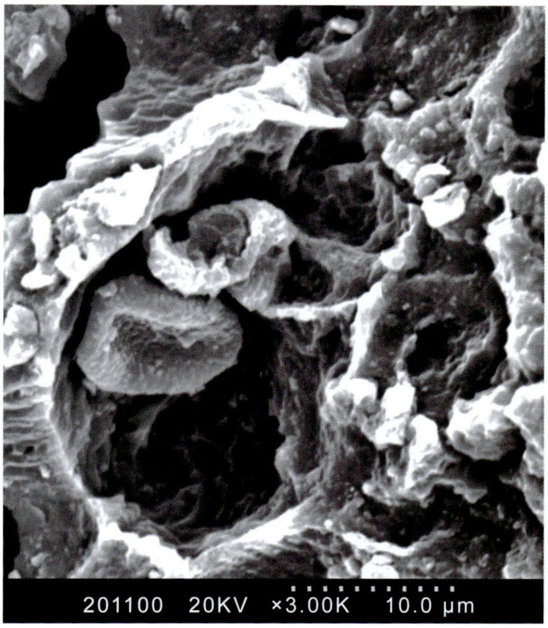

照片 78　是前一张的高倍 [Y-99036]

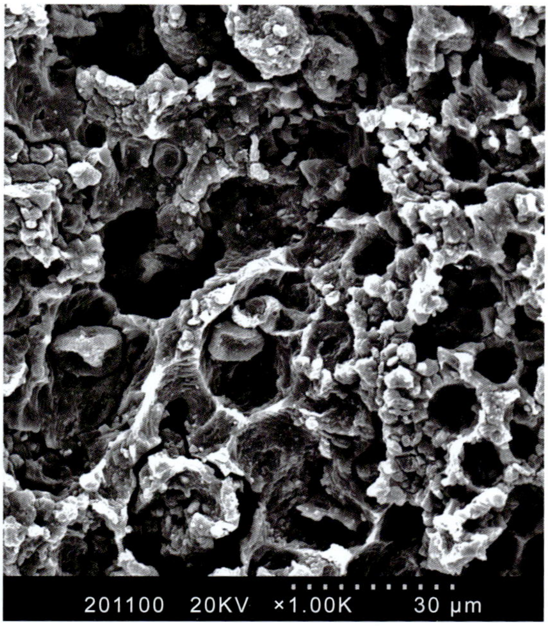

照片 79　是前一张的低倍 [Y-99036]

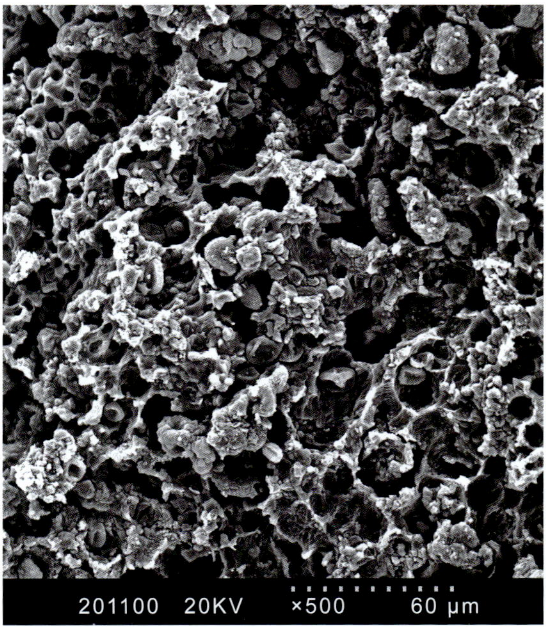

照片 80　是前一张的低倍 [Y-99036]

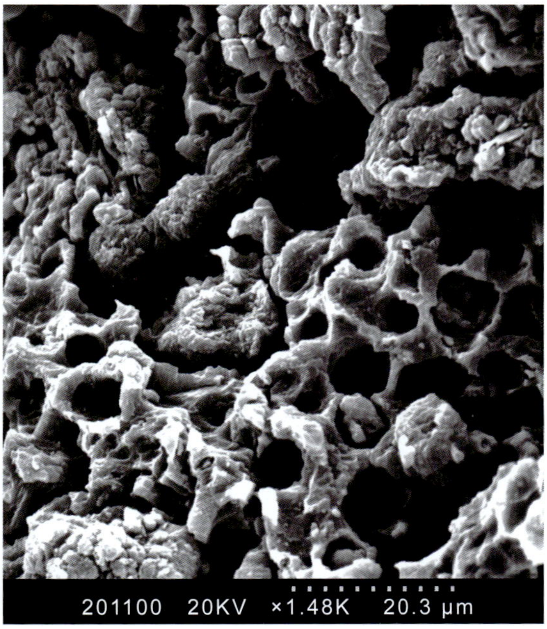

照片 81　是前一张的高倍 [Y-99036]

片 113、照片 117），很多时候丝状藻体的一头还钻入碳酸盐岩的节理或孔隙中，形成各种直径和深度不同的钻孔（照片 93、照片 95、照片 102、照片 108）。在这里，把藻体的形态控制岩石溶蚀形态的作用称为藻类的控形作用。其中，单个藻细胞、藻丝体或藻体的控形作用称为藻个体控形作用；多个细胞、藻丝体或藻群落的控形作用称为藻群落控形作用 [图 3-1（b）]。

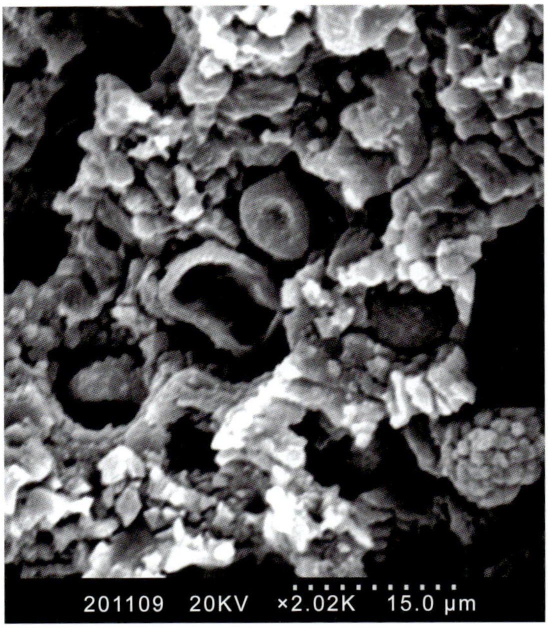

照片 82　李子园箐。藻群落控形作用形成更大的不规则溶蚀形态 [Y-99036]

照片 83　李子园箐。内陷的溶蚀形态与藻体的形态相吻合，球状的藻体溶蚀形成球状或半球状溶蚀形态 [Y-99036]

照片 84　李子园箐。内陷的溶蚀形态与藻体的形态相吻合，球状的藻体溶蚀形成球状或半球状溶蚀形态 [Y-99036]

照片 85　李子园箐。内陷的溶蚀形态与藻体的形态相吻合，球状的藻体溶蚀形成球状或半球状溶蚀形态 [Y-99036]

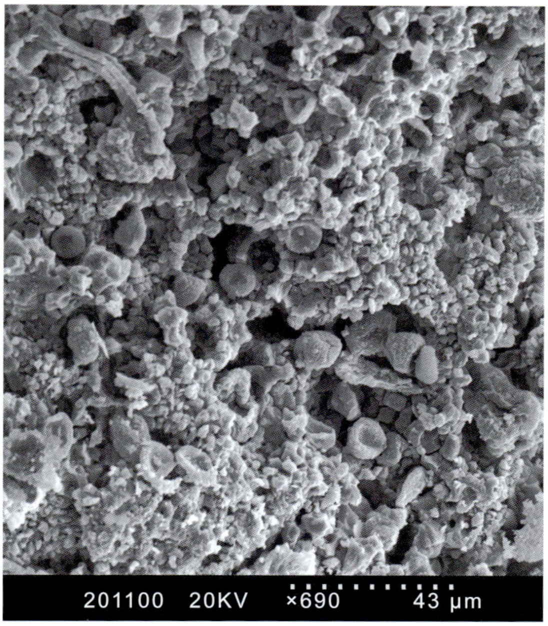

照片 86 李子园箐。藻群落控形作用形成更大的不规则溶蚀形态 [Y-99036]

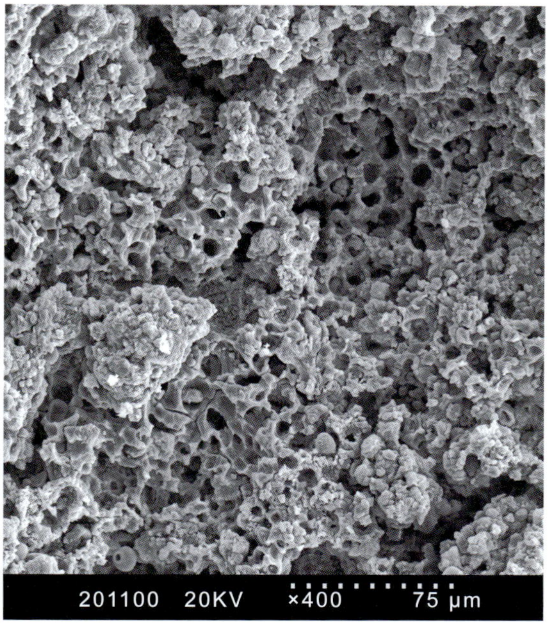

照片 87 李子园箐。藻群落控形作用形成更大的不规则溶蚀形态 [Y-99036]

随着藻类的生长，微型溶蚀形态逐渐加深加大。有的研究者根据藻类与岩石基质的关系，将碳酸盐岩表面的藻类分为 3 种类型：表生型（epilithic）藻类、嵌生型（chasmolithic）藻类、内生型（endolithic）藻类（Viles H. A., 1987）。表生型藻类，是指藻体大部分或完全出露，仅由其下部与基质接触。嵌生型藻类，是指藻体半埋于石内。内生型藻类，是指藻体钻入基质内，一般为丝状蓝藻。藻类的溶蚀作用，极大地破坏了碳酸盐岩表面的岩石颗粒胶结，使岩表变得疏松，使碳酸盐岩表面的硬度值明显降低。据报道，生物溶蚀作用强度与碳酸盐岩石的硬度值成反比，即生物溶蚀作用越强的硬度值越低，生物溶蚀作用对硬度差值的影响比雨水淋溶作用的影响高 3.5 倍（房金福等，1985）。藻细胞还随着气候的干湿变化，不断紧缩膨胀，膨胀体积能达到紧缩时的 3 ~ 6 倍，给岩石表层带来一定的机械破坏。藻类的所有这些作用，使岩石表层形成一层厚约 1.5 mm 左右的灰白色疏松多孔层，极大地加快了岩石的风化过程。

与水生藻类相比，气生藻类的生长周期要慢得多，在干旱无雨的季节甚至细胞收缩，处于休眠状态，停止生长。

（3）繁殖

气生藻类中最多的蓝藻是一种极其古老和原始的生物，尚未形成细胞可控制的有丝分裂和减数分裂，因此未见其营有性生殖。繁殖完全是无性的，常常由细胞二分裂，裂殖或者形成内生孢子、静止孢子、藻殖段等方式来实现（朱浩然，1991）。细胞二分裂是由细胞壁向内生长，将细胞一分为二的分裂。裂殖是由群体破裂成较小的群体。内生孢子则是细胞内部形成两个或多个孢子最后释放出来形成新群体。静止孢子也是孢子细胞，它们单个地由营养细胞个体加大并形成具纹饰的厚壁，发育而成。度过寒冷和干旱的阶段后，静止孢子萌发出藻丝体。藻殖段是丝状体类型的特征，它们是从细胞列上脱落下来的小片段，从鞘中滑落下来，分别发育。通过上述繁殖方式，原来着生凹陷处的单个蓝藻细胞或藻丝体逐渐形成小群落。这时候，对岩石溶蚀形态的影响由原来的藻个体控形作用转入藻群落控形作用。单个细胞形成的半球状或球状溶蚀形态不断加深加宽，与藻群落其他细胞形成的半球状或球状溶蚀形态相连，成为更大的不规则的溶蚀形态（照片 70 ~ 73、75、照片 76 ~ 80、照片 82、86、87、照片 91、92）；丝状类型的藻群落对岩石具有更强的侵蚀性，形成更深的凹穴和更复杂的钻孔群或沟缝群（照片 94、96 ~ 99，照片 100 ~ 101、照片 103 ~ 105、照片 106 ~ 107、照片 109 ~ 111、照片 112、照片 114 ~ 116、照片 118）[图 3-1（c）]。藻个体控形作用是藻群落控形作用的本质，藻群落控形作用是藻个体控形作用的综合体现。在云南石林地区，岩石表面的丝状气生藻类群落多半呈点状分布，相对集中（如伯氏伪枝藻群落和皮壳伪枝藻群落）（照片 96、照片 118），其形成的钻孔群或沟缝群也呈点状分布。岩石表面的球状气生藻类群落多半呈面状分布，相对均衡（如红色星球藻群落和寄生微囊藻群落），其形成的半球状、球状或不规则溶蚀形态也呈面状分布。气生藻类的繁殖速率比水生藻类也要慢得多。

（4）衰老与死亡

藻细胞生长到一定的程度，便衰老而降解死亡，留下与其外形相吻合的溶蚀形态（照片 70 ~ 81、照片 113）[图 3-1（d）]。

总之，藻类在溶蚀形态形成的过程中，通过其自身藻体的生命活动和生理生化过程，间接参与和加强溶蚀形态形成的作用，它不能控制溶蚀形态外观形貌的形成，这种作用本书称之为促进作用。微型溶蚀形态的形成过程中，藻类起控形作用和促进作用。

照片 88　大石林。球状的藻体溶蚀形成球状或半球状溶蚀形态，内陷的溶蚀形态与藻体的形态相吻合 [Y-99025]

照片 89　大石林。球状的藻体溶蚀形成球状或半球状溶蚀形态，内陷的溶蚀形态与藻体的形态相吻合 [Y-99013]

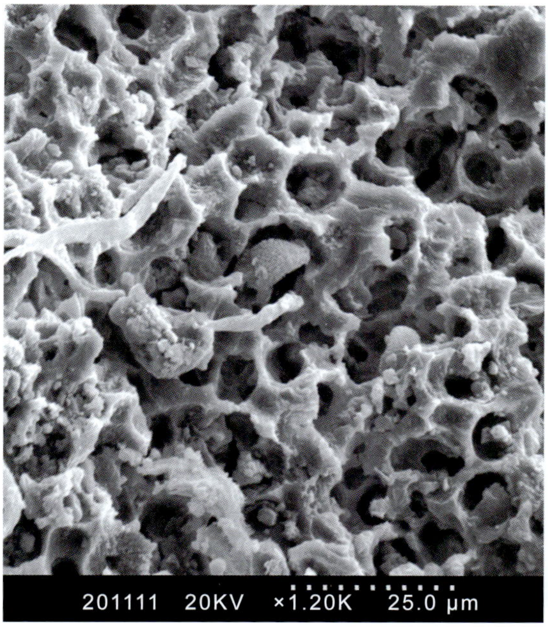

照片 90　大石林。球状的藻体溶蚀形成球状或半球状溶蚀形态，内陷的溶蚀形态与藻体的形态相吻合 [Y-99042]

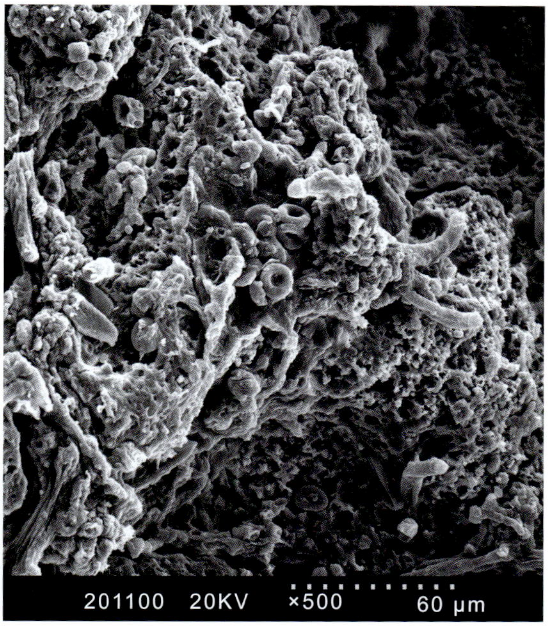

照片 91　乃古石林。八仙亭，藻群落控形作用形成更大的不规则溶蚀形态 [Y-99034]

照片 92　李子园箐。藻群落控形作用形成更大的不规则溶蚀形态 [Y-99036]

照片 93　乃古石林。丝状藻体的一头钻入碳酸盐岩的节理和孔隙中，形成钻孔 [Y-99005]

照片 94　大石林。丝状类型的藻群落对岩石具有更强的侵蚀性，形成更深的凹穴和更复杂的钻孔群或沟缝群 [Y-99010]

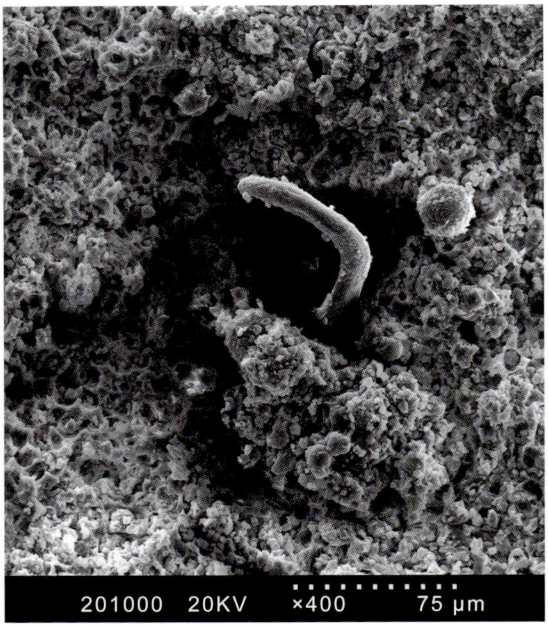

照片 95　大石林。丝状藻体的一头钻入碳酸盐岩的节理或孔隙中，形成钻孔 [Y-99013]

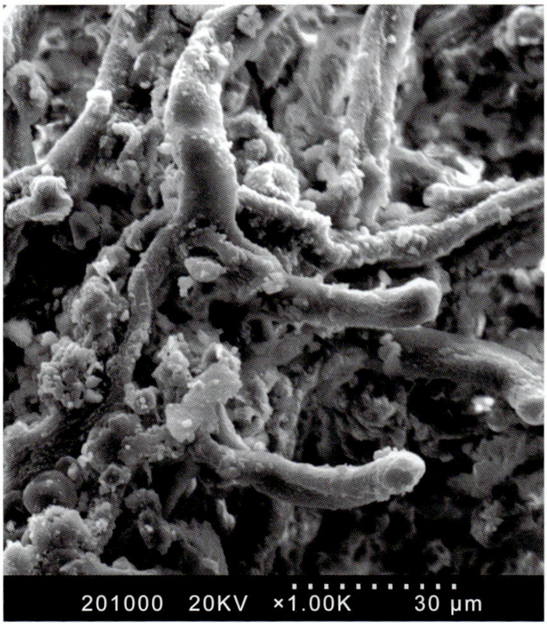

照片 96　大石林。丝状类型的藻群落对岩石具有更强的侵蚀性，形成更深的凹穴和更复杂的钻孔群或沟缝群 [Y-99025]

照片 97　大石林。丝状类型的藻群落对岩石具有更强的侵蚀性，形成更深的凹穴和更复杂的钻孔群或沟缝群 [Y-99025]

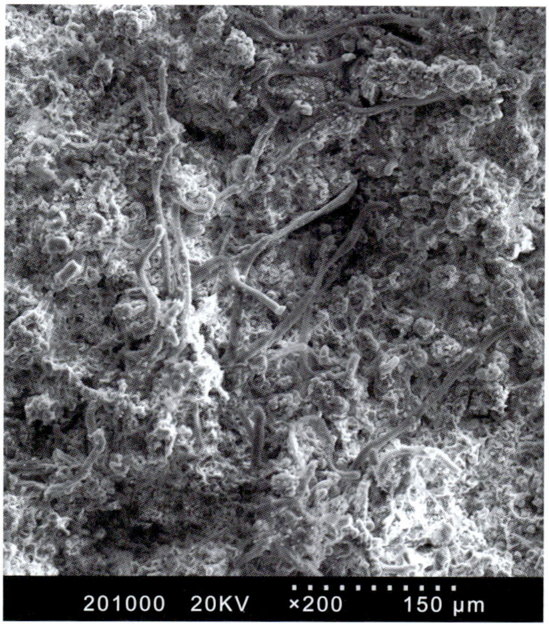

照片 98 大石林。丝状类型的藻群落对岩石具有更强的侵蚀性，形成更深的凹穴和更复杂的钻孔群或沟缝群 [Y-99025]

照片 99 是前一张的高倍镜下的溶蚀形态 [Y-99025]

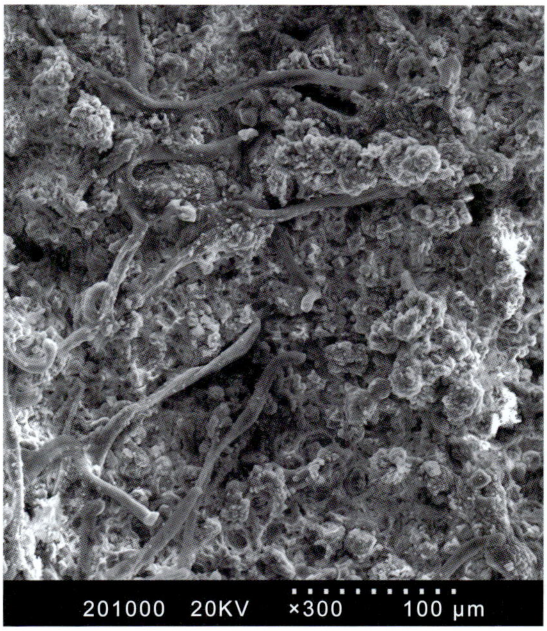

照片 100 是前一张的低倍镜下的溶蚀形态 [Y-99025]

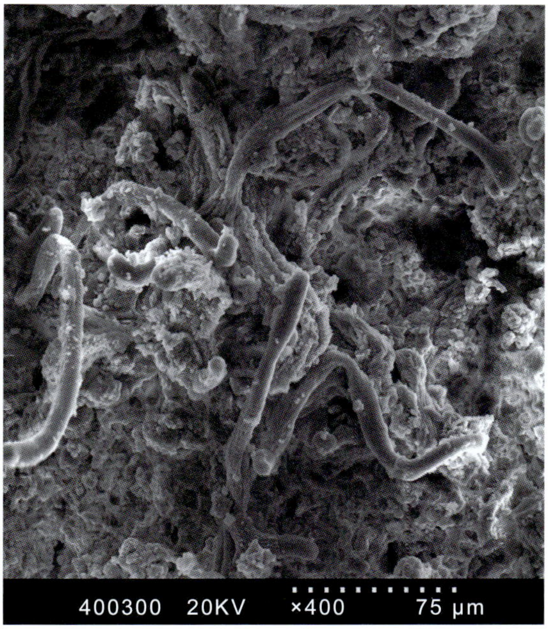

照片 101 大石林。丝状类型的藻群落对岩石具有更强的侵蚀性，形成更深的凹穴和更复杂的钻孔群或沟缝群 [Y-99025]

照片 102　大石林。丝状藻体的一头还钻入碳酸盐岩的节理和孔隙中，形成各种直径和深度不同的钻孔 [Y-99028]

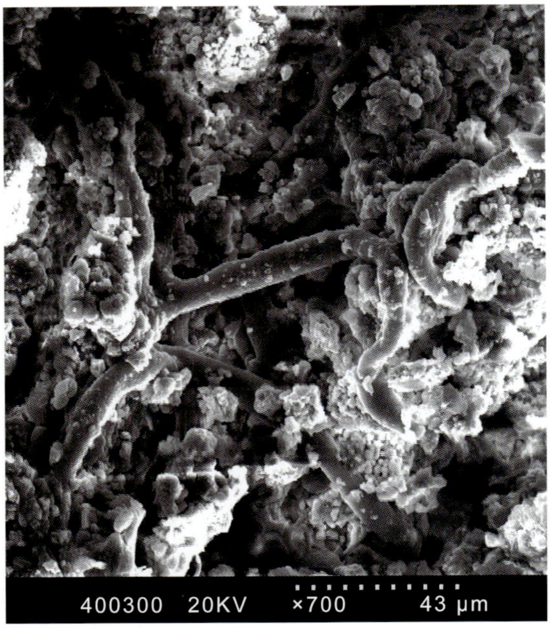

照片 103　大石林。丝状类型的藻多半喜欢生活在岩石的缝隙等薄弱环节，藻群落对岩石具有更强的侵蚀性，形成更深的凹穴和更复杂的钻孔群或沟缝群 [Y-99028]

照片 104　是前一张的低倍镜下藻群落特征 [Y-99028]

照片 105　是前一张的低倍镜下藻群落特征 [Y-99028]

照片 106 大石林。丝状类型的藻多半喜欢生活在岩石的缝隙等薄弱环节，藻群落对岩石具有更强的侵蚀性，形成更深的凹穴和更复杂的钻孔群或沟缝群 [Y−99028]

照片 107 大石林。同前，丝状类型的藻群落对岩石具有更强的侵蚀性，形成更深的凹穴和更复杂的钻孔群或沟缝群 [Y−99028]

照片 108 大石林。丝状藻体的一头钻入碳酸盐岩的节理或孔隙中，形成钻孔 [Y−99028]

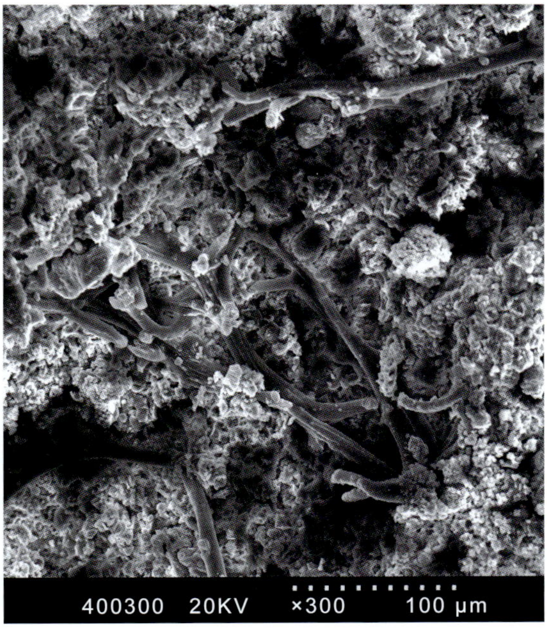

照片 109 大石林。丝状类型的藻群落对岩石具有更强的侵蚀性，形成更深的凹穴和更复杂的钻孔群或沟缝群 [Y−99028]

照片 110 大石林。丝状类型的藻群落对岩石具有更强的侵蚀性，形成更深的凹穴和更复杂的钻孔群或沟缝群 [Y-99028]

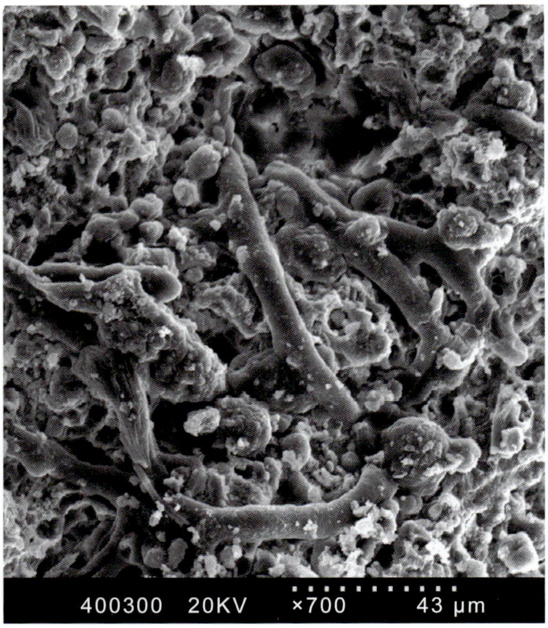

照片 111 大石林。丝状类型的藻群落对岩石具有更强的侵蚀性，形成更深的凹穴和更复杂的钻孔群或沟缝群 [Y-99028]

照片 112 大石林。丝状类型的藻群落对岩石具有更强的侵蚀性，形成更深的凹穴和更复杂的钻孔群或沟缝群 [Y-99028]

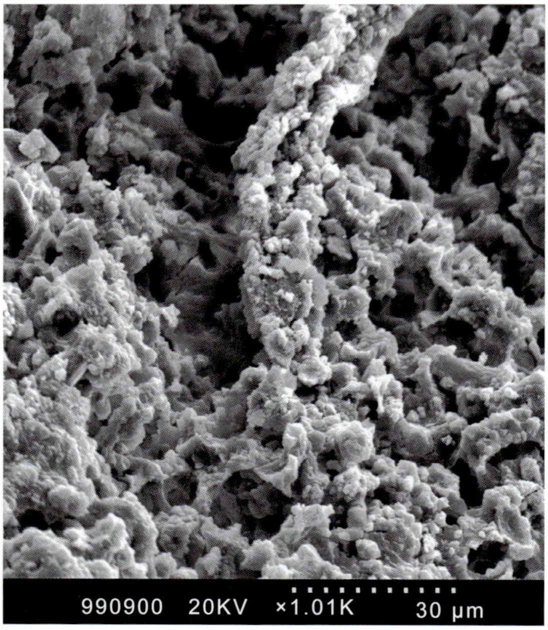

照片 113 大石林。丝状的藻体溶蚀形成微沟或微缝，藻细胞生长到一定的程度，便衰老而降解死亡，留下与其外形相吻合的溶蚀形态 [Y-99042]

照片 114　大石林。丝状类型的藻群落对岩石具有更强的侵蚀性，形成更深的凹穴和更复杂的钻孔群或沟缝群 [Y−99042]

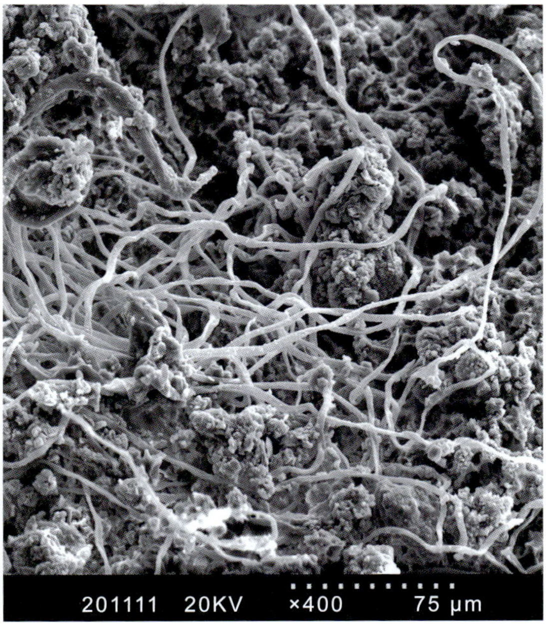

照片 115　大石林。丝状类型的藻群落对岩石具有更强的侵蚀性，形成更深的凹穴和更复杂的钻孔群或沟缝群 [Y−99042]

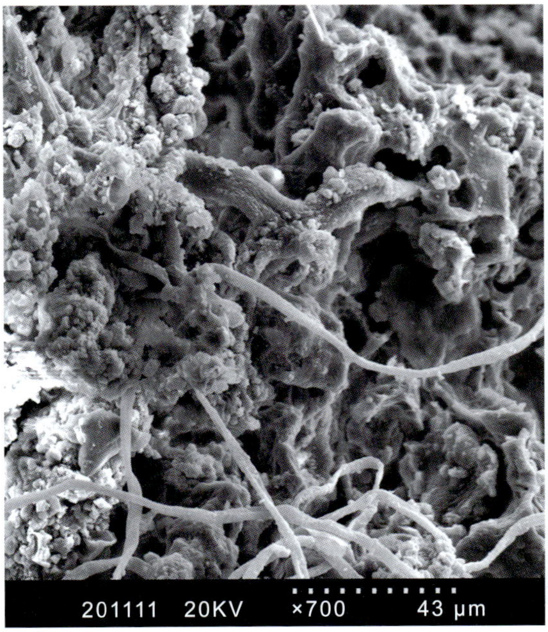

照片 116　大石林。丝状类型的藻群落对岩石具有更强的侵蚀性，形成更深的凹穴和更复杂的钻孔群或沟缝群 [Y−99042]

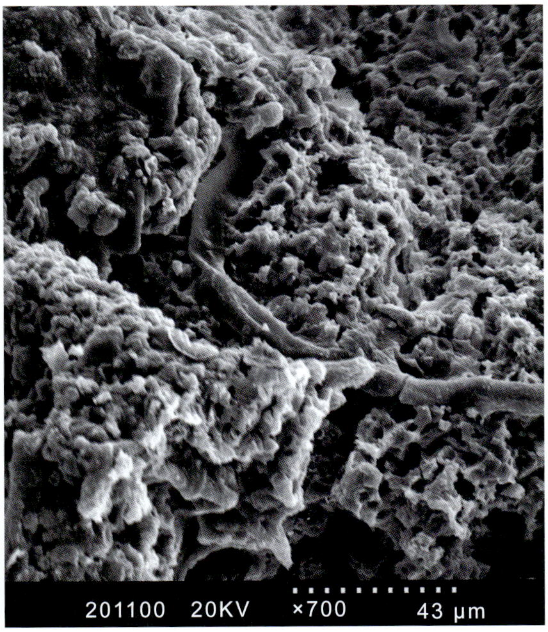

照片 117　乃古石林。八仙亭，丝状的藻体溶蚀形成微沟或微缝 [Y−99034]

在电子显微镜下还发现一些非藻类形态控制的溶蚀形态，它们的形态主要受岩石的微结构和物质成分的控制，藻类只起促进作用。

4. 影响微型溶蚀形态发育的因素

影响生物喀斯特显微形态发育的因素有：①显微生物类型；②岩石的成分、结构和构造；③环境因子——光强度、水分和温度等。生物喀斯特显微形态是生物、岩石、环境因子三者之间相互作用、相互协调的产物（曹建华，1996）。云南石林岩石表面的溶蚀微形态外形受控于藻类形态以及岩石微结构和物质成分，在藻类分布的主要地带（藻群落聚集的中心地带），藻类起主导作用。在藻类分布的次要地带（藻群落聚集的边缘地带），岩石微结构和物质成分起主导作用。藻群落的分布有生物的聚集特性，即疏密不均，这种分布决定于藻类对岩石表面微生境（岩石、光、水分和温度等）的选择，相对有利于藻类生长的地方成为藻群落聚集的中心地带，反之，成为藻群落聚集的边缘地带。因此，由藻类控形作用形成的溶蚀形态也呈群落状分布。而岩石微结构和物质成分的因素是随机和无定向的，其所控制的溶蚀微形态也是随机和无定向的。它与藻类控形作用形成的这种差异也许可以成为判断溶蚀微形态形成的主要依据。

岩石表面的微环境决定了岩表生长的藻类及其分布规律，而藻类的生长又影响和改造着岩石表面的微环境。藻类的溶蚀作用，使得岩表形成更多更深的溶蚀微形态，使得岩表能储集更多的水分，一些较深的溶蚀微形态内部所受阳光会随溶蚀微形态的逐渐变深而减少，微形态内部的环境发生了相应变化。微环境的变化又会使得生活在其内部的藻群落随之发生变化（群落演替）。就是这样，藻类和微形态之间不断相互影响相互作用地互为依存着，正是这种相互影响相互作用地互为依存推动着整个石林表面的生物改造（生物喀斯特作用）历史过程。

二、小型溶蚀形态

1. 小型溶蚀形态（$10^{-1} \sim 10^{-3}$ m）

小型溶蚀形态（$10^{-1} \sim 10^{-3}$ m），在野外肉眼观察下清楚可见。根据野外观察，将云南石林碳酸盐岩表面的小型溶蚀形态分为如下几类（表 3-3）：

表 3-3　云南石林碳酸盐岩表面的小型溶蚀形态及其表面的气生藻类

溶蚀形态	标本号	溶蚀形态肉眼观察详细描述	溶蚀形态表面藻类群落肉眼观察	生物显微镜观察下微片中体积相对数较多的藻类	体积相对数总数较多的藻类	出现相对次数总数较多的藻类
鱼鳞状	SL-99005	鱼鳞状	墨水带，主流部分蓝绿色藻膜	晶粒黏球藻、假格圆伪枝藻	巨大鞘丝藻、爪哇伪枝藻	捏团黏球藻
	SL-99025	鱼鳞状，直径 0.5 ~ 2 cm	藻呈网状，黑褐粉末状	捏团黏球藻、弗氏伪枝藻、寄生微囊藻		
	SL-99058	鱼鳞状，较深	褐黑色藻	马拉维伪枝藻		
	SL-99032	鱼鳞状小形态	黑色藻壳	锡兰鞘丝藻、莱氏裂须藻		

续表

溶蚀形态	标本号	溶蚀形态肉眼观察详细描述	溶蚀形态表面藻类群落肉眼观察	生物显微镜观察下微片中体积相对数较多的藻类	体积相对数总数较多的藻类	出现相对次数总数较多的藻类
鱼鳞状	SL-99039	鱼鳞状小形态	黑色藻壳	缅甸伪枝藻、二型隐球藻		
	SL-99053	鱼鳞状小形态	黑色藻壳，易脱落	巨大鞘丝藻、莉氏念珠藻		
	SL-99030	不规则凹穴直径 20 cm，其向下倾斜面布满许多鱼鳞状小形态直径 1 cm	黑色粉末，散见藻壳	爪哇伪枝藻、丝状鞘丝藻		
半球状	SL-99048	半球状凹穴直径 0.1 ~ 1 cm	炭黑色物质	未知	地衣、莉氏念珠藻	
	SL-99047	半球状凹穴直径 0.2 ~ 1 cm	棕黑色藻壳	地衣		
	SL-99031	较大凹穴，内有半球状小形态	黑色藻膜	莉氏念珠藻		
球状	SL-99008	球状、半球状、不规则复杂形态，直径 0.5 ~ 3 cm	墨水带边缘，黑色粉末	库氏隐球藻、假格圆伪枝藻、多枝伪枝藻、细小隐球藻、伯氏伪枝藻	伯氏伪枝藻、细小隐球藻	伯氏伪枝藻、细小隐球藻
球状	SL-99040	球状凹穴，其内部为灰白色物质，外侧为黑色藻类	黑色藻膜	皮壳伪枝藻、地衣	伯氏伪枝藻、细小隐球藻	伯氏伪枝藻、细小隐球藻
平行凹槽	SL-99026	水平平行小沟槽，其向下的一面有绿色藻膜，槽宽 0.5 ~ 1 cm	绿色藻膜	金枝藻（金藻门）	金枝藻（金藻门）、果实管孢藻	金枝藻（金藻门）
	SL-99018	平行凹槽	黑色斑块	棒状皮果藻、果实管孢藻、佛氏绿胶藻		
圆坑	SL-99041	溶坑	黑色粉末状藻	皮壳伪枝藻	皮壳伪枝藻、地衣	寄生微囊藻、红色星球藻
	SL-99042	溶坑	黑色粉末，壳状藻	地衣、皮壳伪枝藻		
	SL-99059	溶坑，有积水	墨绿色藻膜	拉氏鞘丝藻、晶粒黏球藻		
	SL-99061	溶坑，有积水	肉红色藻	塞斯西雅隐球藻、墙壁眉藻		
	SL-99009	小坑	墨水带边缘，黑藻壳	多管鞘丝藻、霍氏裂须藻、黄色鞘丝藻、皮壳伪枝藻		
	SL-99020	小坑	黑色斑块	多形管孢藻、福氏单歧藻、眼点伪枝藻		
	SL-99015	小坑，其顶部和凹陷处色调相同	黑色壳，点状、粉末状	帕氏伪枝藻、寄生微囊藻、池生念珠藻		

续表

溶蚀形态	标本号	溶蚀形态肉眼观察详细描述	溶蚀形态表面藻类群落肉眼观察	生物显微镜观察下微片中体积相对数较多的藻类	体积相对数总数较多的藻类	出现相对次数总数较多的藻类
圆坑	SL-99012	土黄色小坑，直径 18 ~ 20 cm，深 5 ~ 6 cm	黑色皮壳状	拟单歧伪枝藻、池生念珠藻、皮壳伪枝藻		
	SL-99050	盘状小凹穴	烟囱灰状，壳状藻	亚麻色单歧藻岩生变种、紫管鞘丝藻		
	SL-99014	坑洼，有藓	黑膜、片状	盐生伪枝藻印度变种、藓		
不规则凹穴	SL-99022	不规则凹穴	浓黑、黑褐色膜状，深绿色球状	伯氏伪枝藻、红色星球藻、池生念珠藻	红色星球藻、地衣	红色星球藻、滴岩黏球藻
	SL-99033	不规则凹穴	许多藻壳	联结鞘丝藻、埃氏单歧藻		
	SL-99038	不规则凹穴	黑色藻壳	地衣、立氏单歧藻		
	SL-99052	不规则凹穴	黑色藻膜	菌丝、盐生伪枝藻印度变种		
	SL-99054	不规则凹穴	墨水带主流部分，黑色藻壳，剥蚀作用强	巨大鞘丝藻、细叶裂须藻		
不规则凹穴	SL-99055	不规则凹穴	墨水带主流右侧，灰黑色藻壳，剥蚀作用强	盐生伪枝藻印度变种、红色星球藻	红色星球藻、地衣	红色星球藻、滴岩黏球藻
	SL-99056	不规则凹穴	墨水带主流左侧，黑色藻壳，剥蚀作用强	红色星球藻、蝇色伪枝藻		
	SL-99057	不规则凹穴	褐黑色藻	拟色球黏囊藻、缅甸黏囊藻		
	SL-99049	不规则凹穴，宽 0.5 ~ 4 cm	褐黑色藻	佛氏绿胶藻、纤细伪枝藻		
不规则小坑	SL-99029	不规则小坑	黑色藻膜	伯氏伪枝藻、黑色黏球藻	帕氏伪枝藻、皮壳伪枝藻	红色星球藻、滴岩黏球藻
	SL-99019	不规则小坑，深 0.6 ~ 4 cm	黑色藻膜	米氏伪枝藻、拟色球黏囊藻		
	SL-99011	不规则小坑，深 1 ~ 1.5 cm	黑褐色膜状	帕氏伪枝藻		
	SL-99010	不规则小坑，深 5 ~ 6 cm	黑粉末，小斑块	皮壳伪枝藻、喜钙念珠藻、小型念珠藻		
	SL-99051	大圆坑，其内表面有不规则小坑	黑色藻，剥蚀作用强	池生念珠藻		

续表

溶蚀形态	标本号	溶蚀形态肉眼观察详细描述	溶蚀形态表面藻类群落肉眼观察	生物显微镜观察下微片中体积相对数较多的藻类	体积相对数总数较多的藻类	出现相对次数总数较多的藻类
不规则复杂形态	SL-99001	不规则复杂形态	墨水带，黑粉末，小瘤、皮状	黏连色球藻、东方席藻、拟单歧伪枝藻	寄生微囊藻、伯氏伪枝藻	假格圆伪枝藻、翠绿微囊藻
	SL-99002	不规则复杂形态	黑色藻皮	红网鞘丝藻钙质变种、易脆裂须藻		
	SL-99003	不规则复杂形态	黑色小球状	红网鞘丝藻钙质变种、林氏念珠藻		
	SL-99004	不规则复杂形态	墨水带，主流部分瘤状	寄生微囊藻		
	SL-99006	不规则复杂形态	墨水带，主流部分墨绿色藻皮	栖石土席藻、池生念珠藻、易碎单歧藻		
	SL-99007	不规则复杂形态	墨水带边缘，黑色粉末	假格圆伪枝藻		
	SL-99013	不规则复杂形态	墨水带主流部分	黄色鞘丝藻、沙生裂须藻、黑色胶须藻		
	SL-99036	不规则复杂形态	黑色藻壳	埃氏单歧藻		
	SL-99037	不规则复杂形态	黑色粉末遍布整个岩面，散见一些黑色小群落，紧密附着于岩石	地衣		
不规则复杂形态	SL-99043	不规则复杂形态	黑色藻壳	缅甸伪枝藻、黄色鞘丝藻	寄生微囊藻、伯氏伪枝藻	假格圆伪枝藻、翠绿微囊藻
	SL-99044-2	不规则复杂形态	墨水带边，灰黑色壳状藻	伯氏伪枝藻		
	SL-99045	不规则复杂形态	墨水带边，棕黑色粉末状藻	伯氏伪枝藻、层片微囊藻		
	SL-99046	不规则复杂形态	墨水带边，黑色壳状藻	缅甸伪枝藻、莉氏念珠藻		
	SL-99060	不规则复杂形态	黑色藻膜	煤黑厚皮藻、晶粒黏球藻		
	SL-99062	不规则复杂形态	褐红色藻，刮下后，里面呈绿色	金枝藻、塞斯西雅隐球藻		
简单形态	SL-99016	简单形态	墨水带主流部分，淡绿皮状	栖霞鞘丝藻、联结鞘丝藻	池生念珠藻、黑色鞘丝藻	黑紫黏球藻、黑色星球藻
	SL-99017	简单形态	墨水带边缘，黑球状	池生念珠藻、黑紫黏球藻		
	SL-99021	简单形态	黑色粉末	伯氏伪枝藻、池生念珠藻		
	SL-99023	简单形态	墨水带，浓黑色膜状，球状	棕黄微囊藻、微小微囊藻		

续表

溶蚀形态	标本号	溶蚀形态肉眼观察详细描述	溶蚀形态表面藻类群落肉眼观察	生物显微镜观察下微片中体积相对数较多的藻类	体积相对数总数较多的藻类	出现相对次数总数较多的藻类
简单形态	SL-99024	简单形态	墨水带，乌黑色膜状，白色、黄色团块	缅甸伪枝藻、埃哥念珠藻	池生念珠藻、黑色鞘丝藻	黑紫黏球藻、黑色星球藻
	SL-99034	简单形态	墨水带，主流部分为黑绿色膜状，主流边缘为小球状藻	黑色鞘丝藻、池生念珠藻		
	SL-99035	简单形态	黑色藻壳	地衣、莉氏念珠藻		
石牙，表面光滑	SL-99044-1	石牙的光滑表面	黑色藻膜	有须伪枝藻、铁锈管孢藻	有须伪枝藻、铁锈管孢藻	—
向光棘刺状	SL-99027	向光棘刺状	浅绿色，墨绿色藻	层片微囊藻、黑色黏球藻、亚丝鞘丝藻	黑色黏球藻、亚丝鞘丝藻	黑色黏球藻、亚丝鞘丝藻

（1）鱼鳞状

像鱼鳞一样的形状（照片 118），通常在与垂线有一定夹角（α）的岩石表面出现，如图 3-2 所示，该夹角通常在 10° ~ 45° 之间，鳞片的宽度为 0.5 ~ 1.5 cm。藻类群落呈黑色壳状或粉末状着生，优势种为巨大鞘丝藻、爪哇伪枝藻、捏团黏球藻，如表 3-3 和图 3-3。鱼鳞状溶蚀形态的形成主要与水流作用有关，藻类起促进和次要的作用。依据有几点：①鱼鳞状溶蚀形态分布十分规整而有序，这与藻类的分布（群聚状）不同；②岩石表面与垂线有一定夹角（α），而且该夹角通常在 10° ~ 45° 之间，夹角的大小主要影响岩石表面的水流速度。而鱼鳞状溶蚀形态的形成与夹角有一定相关性。

照片 118 大石林。碳酸盐岩表面鱼鳞状小型溶蚀形态

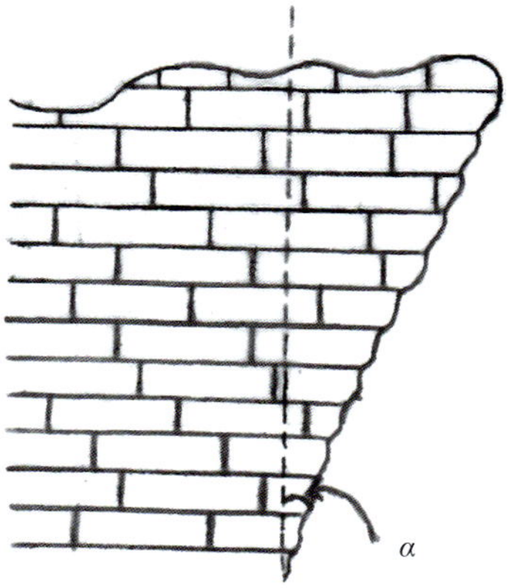

图 3-2　云南石林鱼鳞状小型溶蚀形态的纵剖面与垂线的夹角示意图

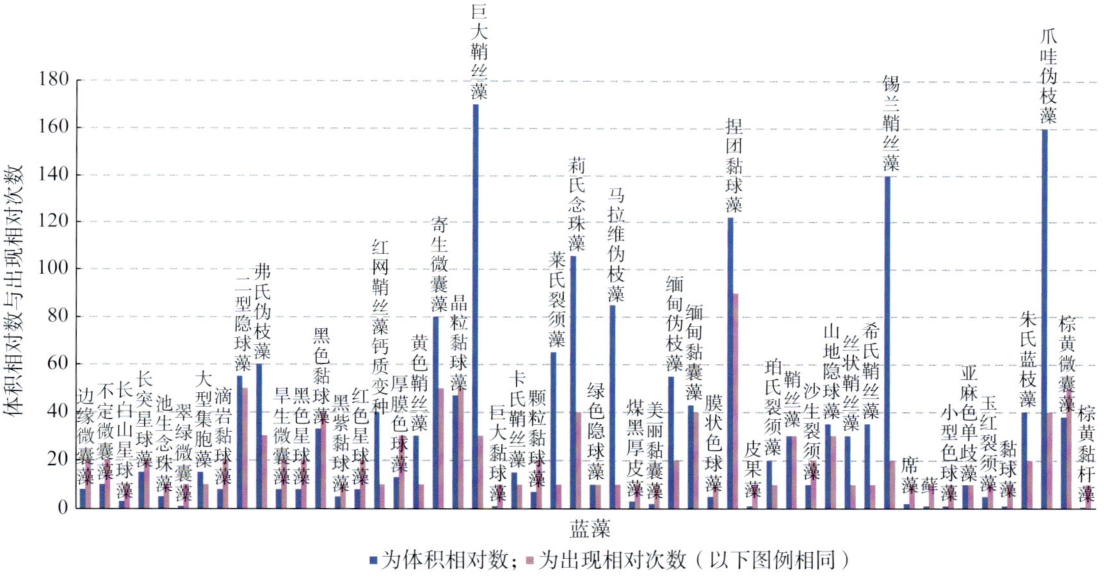

图 3-3　云南石林鱼鳞状小型溶蚀形态表面的蓝藻体积相对数与出现相对次数对比图

（2）半球状

呈半球状（照片 119、照片 120），直径 0.1 ～ 1 cm。分布于云南石林碳酸盐岩表面的大部分面积，其上着生的主要为念珠藻（图 3-5）。半球状溶蚀形态的形成主要与生物溶蚀作用有关。藻类（图 3-4）通常呈壳状、膜状等群落形态着生覆盖于岩石（a）。它们对下伏岩表进行长期的生物溶蚀作用，形成下伏岩表风化层（常呈灰白色粉末状）（b）。气候干燥时藻壳收缩，壳的边缘逐渐脱离岩石表面（c）。如藻壳再进一步干缩，在外力（如风）的牵引下，完全从岩石表面脱去。由于藻壳的黏性，脱去的藻壳会带走一部分下伏岩表风化层的白色粉末，从而在该处留下半球状溶蚀形态（d），其内部是灰白色粉末。张捷[99]将藻类的这种溶蚀作用形象地称为剥离作用（张捷，1994b）。半球状溶蚀形态一形成，该处便容易在下雨时汇集雨水，水的溶蚀作用得到加强，同时，其内部又会有新的藻类着生，生物溶蚀作用与水的溶蚀作用一起，使半球状溶蚀形态变得更大更深。半球状溶蚀形态的形成，主要是由于藻群落的控形作用，也可能由半球状的微型溶蚀形态加大加深发育而来。

照片 119　大石林。碳酸盐岩表面半球状小型溶蚀形态
[SL-99031]

照片 120　李子园箐。碳酸盐岩表面半球状小型溶蚀形态
[SL-99040，Y-99016]

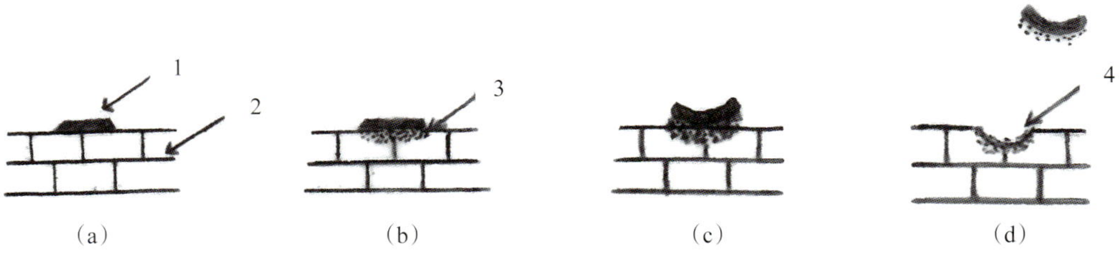

图 3-4　云南石林半球状小型溶蚀形态的形成示意图

1—蓝藻壳；2—碳酸盐岩；3—下伏风化层；4—半球状溶蚀形态

（a）壳状、膜状等藻类群落着生于碳酸盐岩表面；（b）藻类群落对其下伏岩石进行长期的生物溶蚀作用，形成下伏岩表风化层；（c）气候干燥时藻壳收缩，壳的边缘逐渐脱离岩石表面；（d）藻壳再进一步干缩，便完全从岩石表面脱去，由于藻壳的黏性，脱去的藻壳会带走一部分下伏岩表风化层的白色粉末，从而在该处留下半球状溶蚀形态

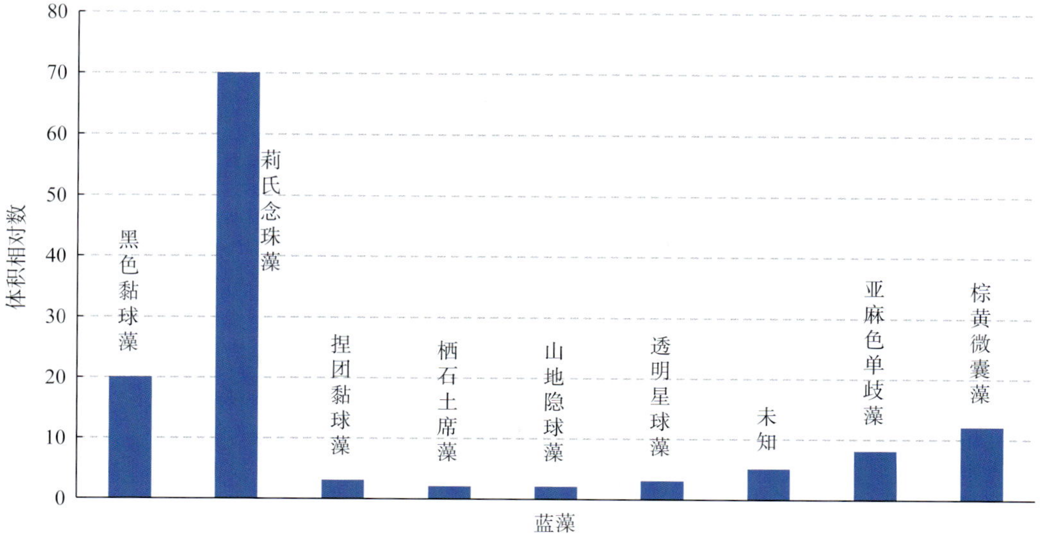

图 3-5　云南石林半球状小型溶蚀形态表面的蓝藻体积相对数对比图

（3）球状

呈球状（照片 121、照片 122），直径 0.5 ～ 3 cm。与半球状溶蚀形态交错分布。其上着生的主要为伪枝藻、隐球藻（图 3-6）。球状溶蚀形态的形成也主要是由于藻群落的控形作用，是半球状溶蚀形态的进一步加深。

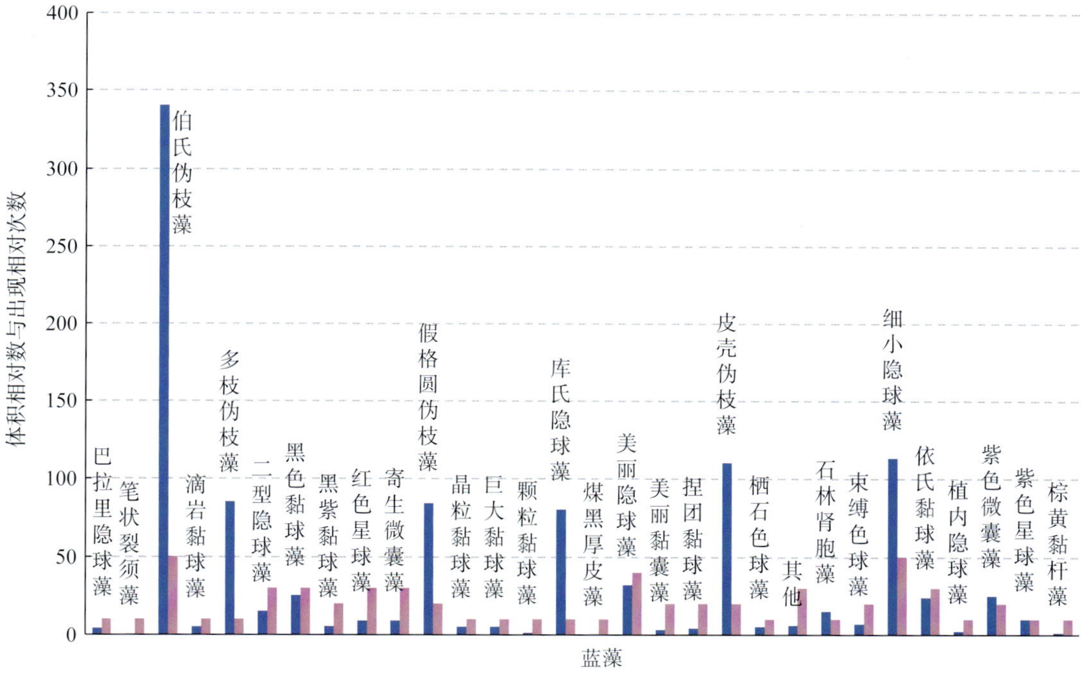

图 3-6　云南石林球状小型溶蚀形态表面的蓝藻体积相对数与出现相对次数对比图

照片 121　大石林。碳酸盐岩表面球状小型溶蚀形态 [Y-99026]

（4）平行凹槽

一系列平行的凹槽（照片 123），槽宽 0.5 ～ 1 cm。平行凹槽的形成主要与水流作用有关，生物起促进和次要的作用（图 3-7）。这一点与鱼鳞状溶蚀形态一样。

照片 122　大石林。碳酸盐岩表面球状小型溶蚀形态 [SL-99045]

照片 123　大石林。碳酸盐岩表面平行凹槽小型溶蚀形态 [SL-99026]

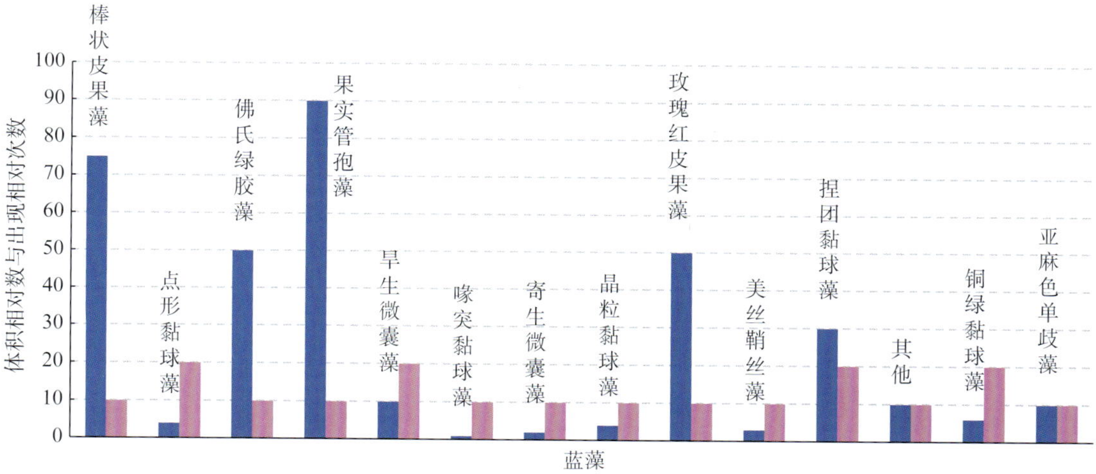

图 3-7　云南石林平行凹槽状小型溶蚀形态表面的蓝藻体积相对数与出现相对次数对比图

（5）圆坑

圆形的坑凹（照片 124、照片 125）。直径 5 ~ 10 cm，深 5 ~ 6 cm。其上着生的主要为皮壳伪枝藻、地衣、寄生微囊藻、红色星球藻等（图 3-8）。较半球状、球状小型溶蚀形态大而深。是半球状、球状溶蚀形态进一步加深加宽的结果。

照片 124　李子园箐。碳酸盐岩表面圆坑小型溶蚀形态 [SL-99041，SL-99042，Y-99017]

照片 125　大石林。碳酸盐岩表面圆坑小型溶蚀形态 [SL-99061]

（6）不规则凹穴

不规则凹穴（照片 126、照片 127），深 0.2 ～ 1.5 cm，宽 0.5 ～ 4 cm。其上着生的主要为红色星球藻、滴岩黏球藻等（图 3-9）。其形成与半球状一样，主要与生物溶蚀作用有关。之所以形成不规则凹穴，这可能与藻群落和岩性有关。

照片 126　大石林。碳酸盐岩表面不规则凹穴小型溶蚀形态 [SL-99056]

照片 127　大石林。碳酸盐岩表面不规则凹穴小型溶蚀形态 [SL-99052]

（7）不规则小坑

不规则形状的小坑（照片 128、照片 129），深 0.5 ~ 6 cm，宽 2 ~ 9 cm。较不规则凹穴大而深。是不规则凹穴溶蚀形态的进一步加深加宽。其上着生的藻类，如图 3-10 所示。

照片 128　大石林。碳酸盐岩表面不规则小坑小型溶蚀形态 [SL-99029]

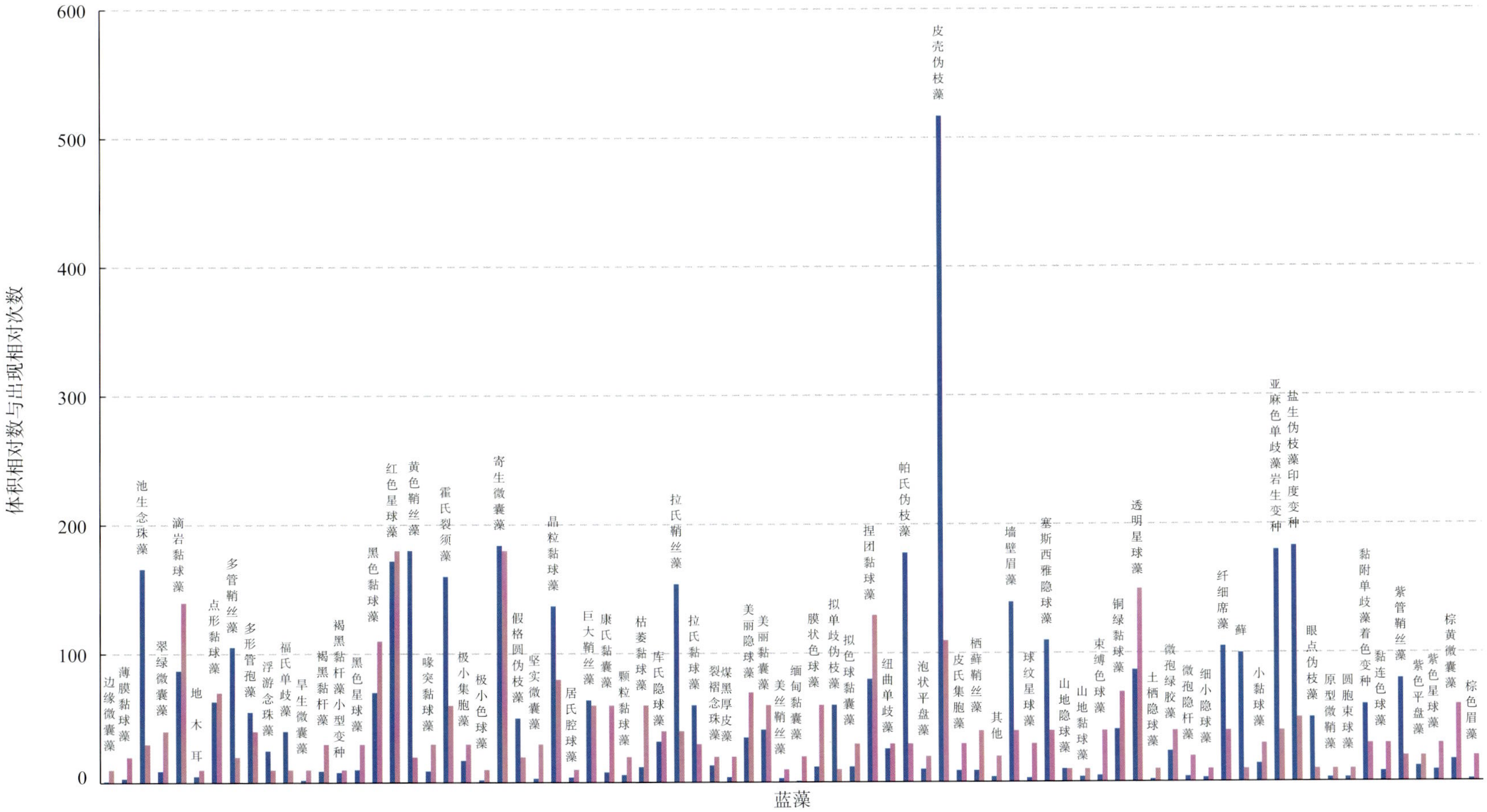

图 3-8　云南石林圆坑状小型溶蚀形态表面的蓝藻体积相对数与出现相对次数对比图

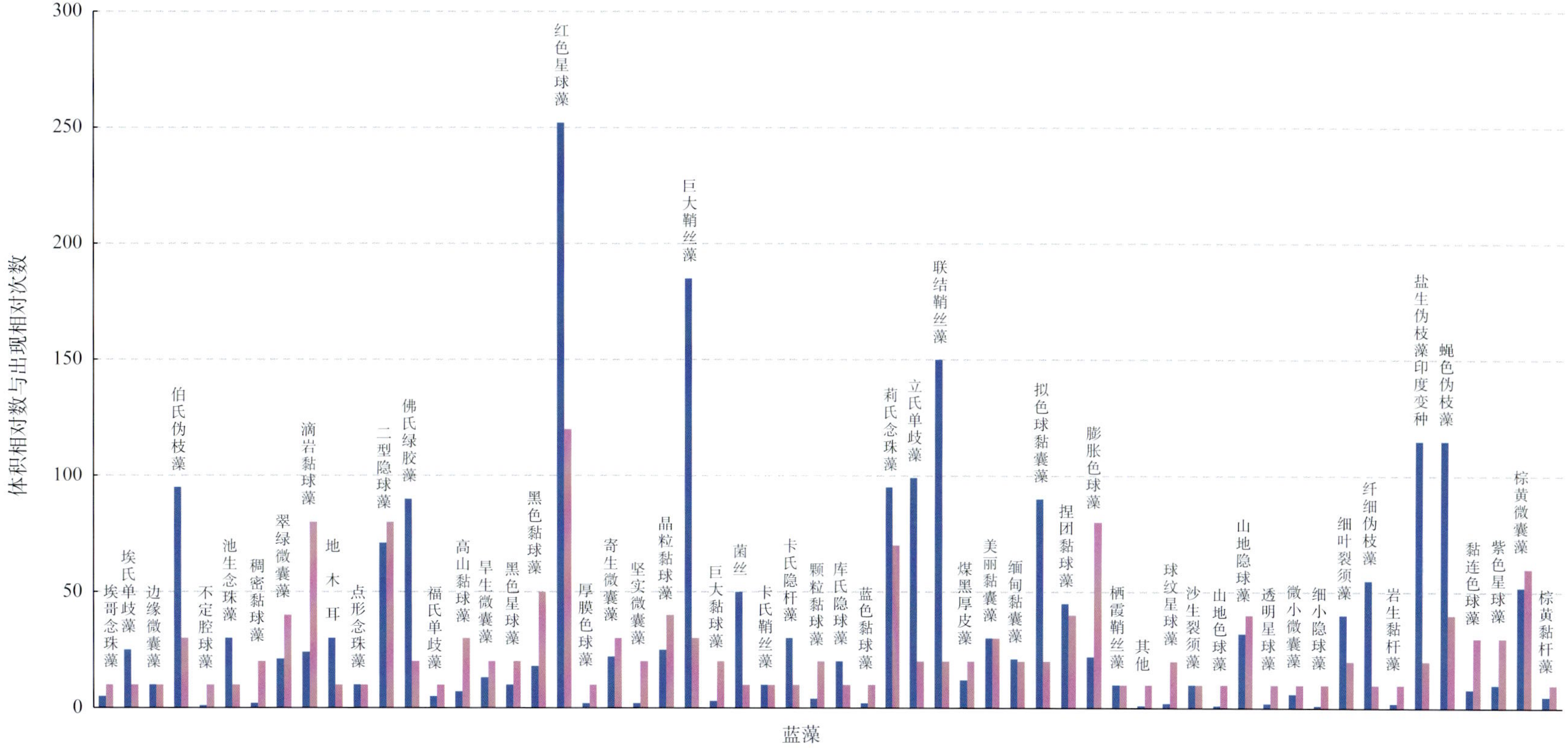

图 3-9　云南石林不规则凹穴状小型溶蚀形态表面的蓝藻体积相对数与出现相对次数对比图

照片 129　大石林。碳酸盐岩表面不规则小坑小型溶蚀形态，是图版 33-2 的近观 [SL-99029]

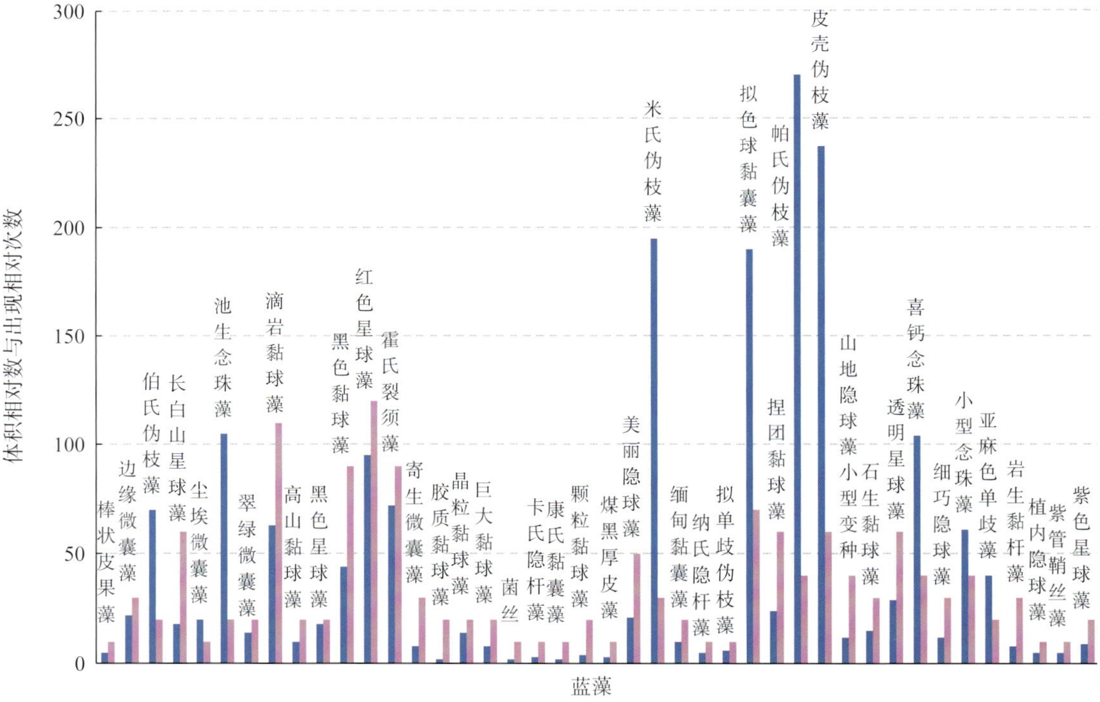

图 3-10　云南石林不规则小坑状小型溶蚀形态表面的蓝藻体积相对数与出现相对次数对比图

（8）不规则复杂形态

形状十分不规则且复杂而又无法描述的一类小型溶蚀形态（照片 130）。其形成原因十分复杂，受水流、生物（图 3–11）和岩性各方面的影响，其中的每一方面的影响都可能在一些地方表现为主导作用，而在另一些地方则表现为次要作用。

（9）简单形态

小型溶蚀形态形成的初期阶段，岩面粗糙且有简单的溶蚀形态（照片 131）。简单形态表面上着生的主要为池生念珠藻、黑色鞘丝藻、黑紫黏球藻和黑色星球藻等（图 3–12）。

照片 130　大石林。碳酸盐岩表面不规则复杂形态的小型溶蚀形态 [SL–99044]

照片 131　乃古石林。碳酸盐岩表面简单的小型溶蚀形态 [SL–99023]

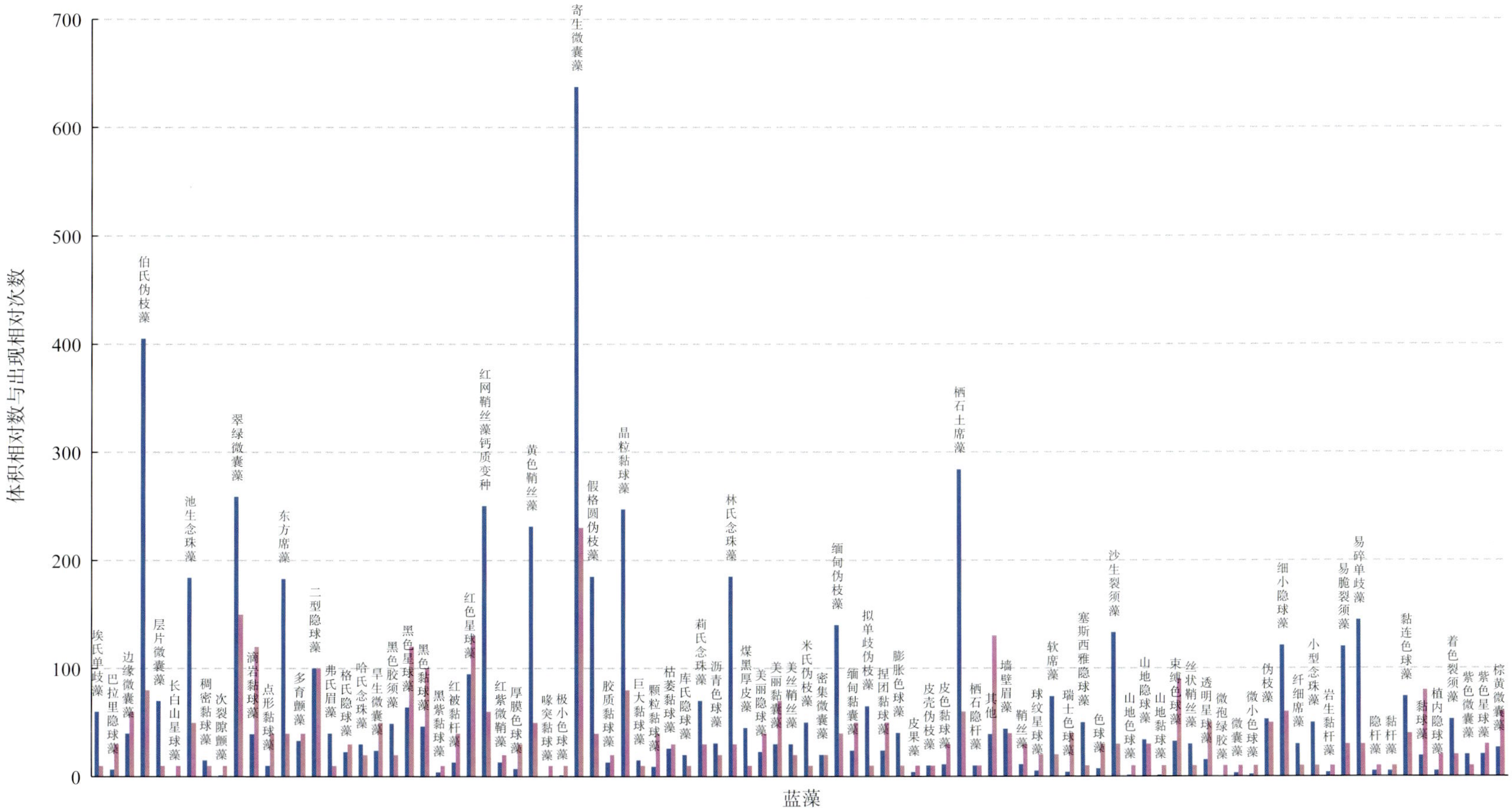

图 3-11　云南石林不规则复杂小型溶蚀形态表面的蓝藻体积相对数与出现相对次数对比图

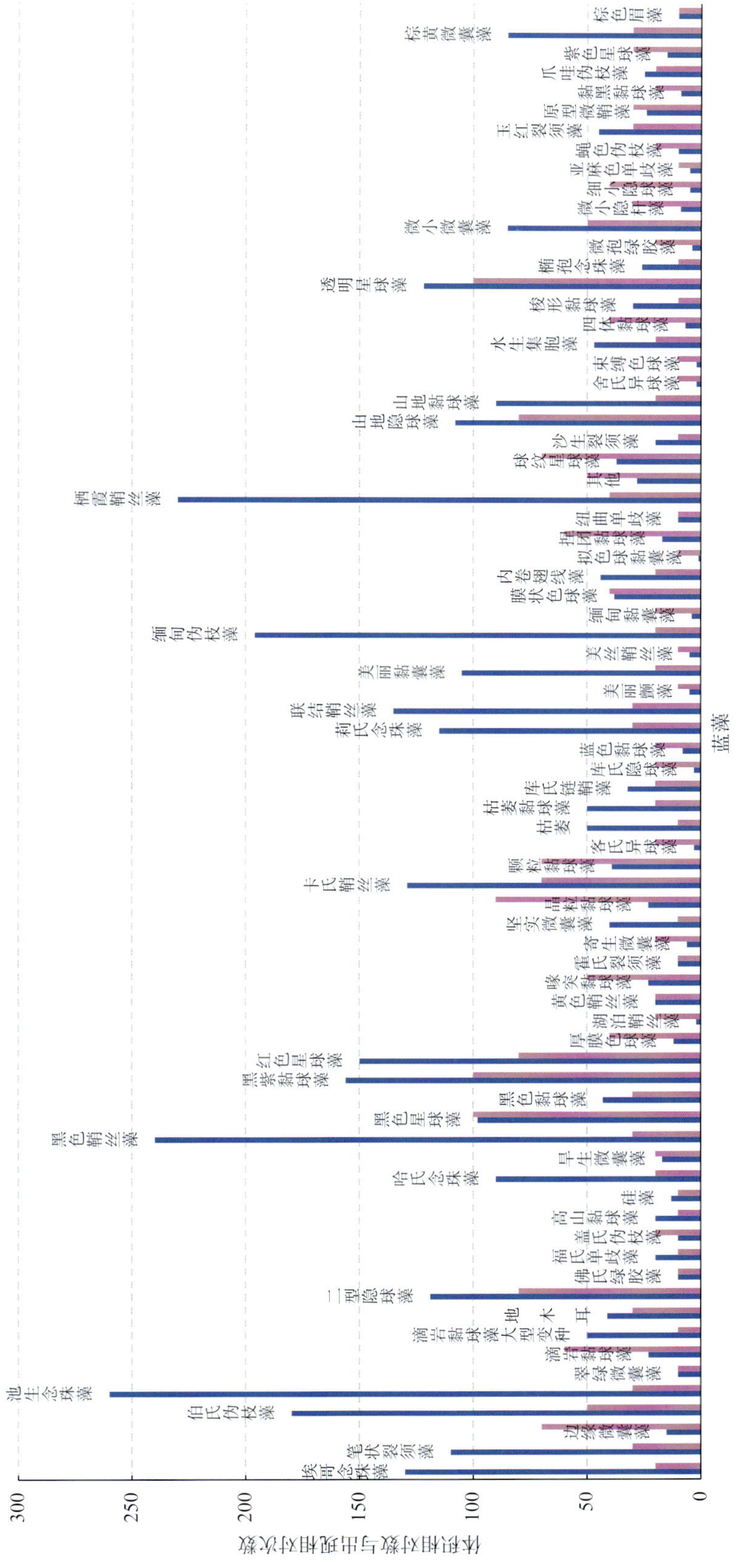

图 3-12 云南石林筒单形态的小型溶蚀形态表面的蓝藻体积相对数与出现相对次数对比图

（10）石牙的光滑表面

在石林边沿有许多表面光滑（照片 132 ~ 134），高 1 m 左右的石牙。由于其表面的土已被水冲刷掉，它们逐渐露出头来。石牙某一部分一旦暴露在地表，暴露部分便立刻结束土下溶蚀作用过程，开始地表营力（风、水、生物、阳光）的作用过程。这样的石牙岩表由于暴露在地表的时间不长，表面常常十分光滑，其上生长的藻类主要有有须伪枝藻、铁锈管孢藻等（图 3-13），尽管很光滑，但其上面已开始有微型溶蚀形态的形成。

照片 132　大石林边缘，石牙，其表面光滑

照片 133　大石林边缘，石牙，其表面光滑

照片 134　大石林边缘，石牙，其表面光滑，布满黑色气生蓝藻 [SL-99044，Y-99021]

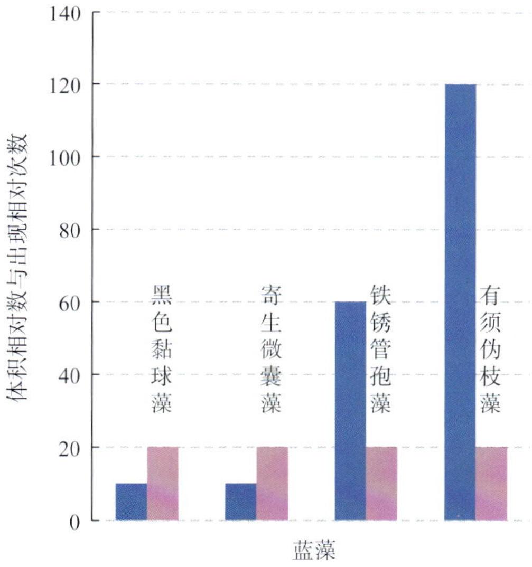

图 3-13　云南石林石牙光滑表面的蓝藻体积相对数与出现相对次数对比图

（11）向光棘刺状

由于藻类（图 3-14）生长，所导致的一类独特的小型溶蚀形态（照片 135）。通常出现在洞口向光处，在这些地方藻类大量地生长、发育和繁殖，它通过分泌、释放酸性物质（有机酸、CO_2 和螯合代谢物）和钻孔作用，在碳酸盐岩基质原生结构的薄弱部位（如亮晶方解石脉与泥晶碳酸盐岩间的接触界面、方解石的解理面等）发生强烈的溶蚀。由于藻类在基质的薄弱部位生长和繁殖量越来越大，藻类新陈代谢产生的酸性物质则越来越多，相对薄弱的部位就更加薄弱，并因强烈的溶蚀作用而不断内陷，从而，导致棘刺状小型溶蚀形态的形成。

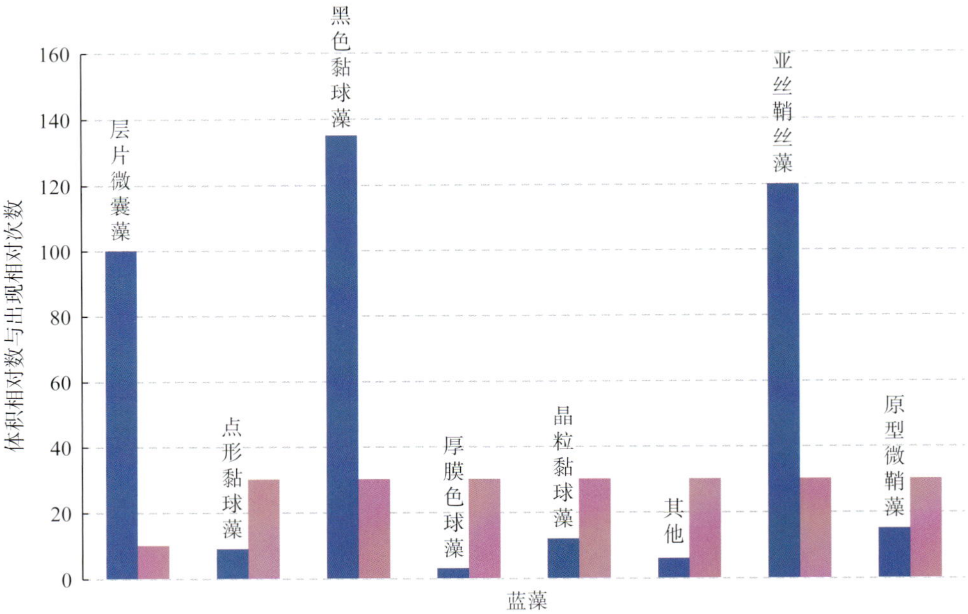

图 3-14　云南石林向光棘刺状小型溶蚀形态表面的蓝藻体积相对数与出现相对次数对比图

照片 135　大石林。“群岩涌翠”处的洞内，向光棘刺状小型溶蚀形态 [SL-99027]

2. 小型溶蚀形态之间的发育关系

不同小型溶蚀形态之间的发育过程，可能有图 3-15 的关系：

不同小型溶蚀形态各自独立的发育，又彼此之间有着继承性的密切关系。它们可能相互重叠在一起，形成复杂的组合形态，如在圆坑中又发育着半球状、球状、不规则状凹穴等溶蚀形态。随着岩表局部微环境的变化，该岩表局部小型溶蚀形态的发育也会发生变化，如开始发育的是鱼鳞状，由于该处水流减少，生物群落发生变化，继而发育的是球状、不规则凹穴溶蚀形态。

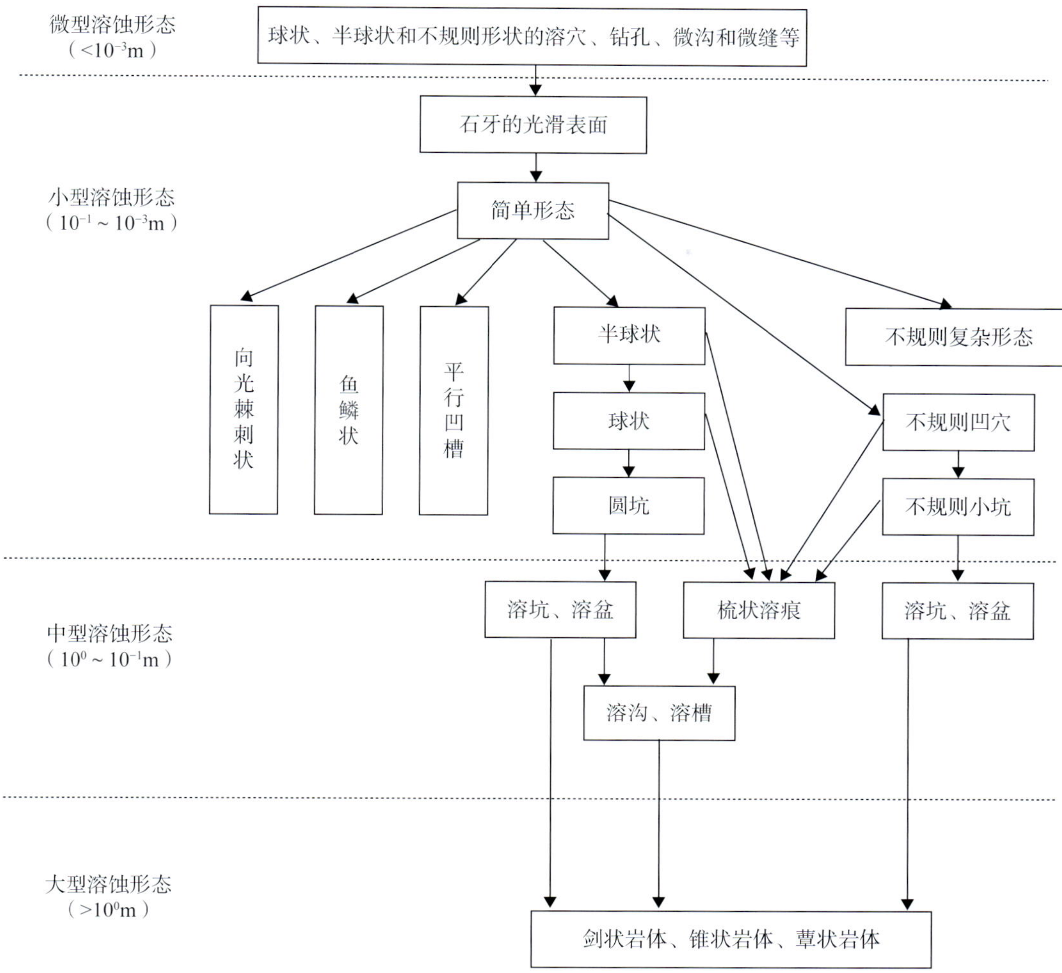

图 3-15　云南石林不同溶蚀形态之间的发育关系

小型溶蚀形态进一步发育形成中型溶蚀形态和大型溶蚀形态。

3. 小型溶蚀形态的形成与其表面着生的气生藻类群落的关系

由于云南石林岩表的藻类主要是个体十分微小的（以微米计）气生蓝藻，这样小的藻类个体，不可能控制比它大千倍、万倍、百万倍肉眼能辨的小型溶蚀形态的外观形貌，而主要是控制（简称藻个体控形作用，见表 3-6）与它自身个体大小相当尺度的溶蚀形态外观形貌上，即微型溶蚀形态。能够控制小型溶蚀形态的外观形貌的，是气生蓝藻的群落（简称藻群落控形作用，见表 3-6）。

从表 3-4、表 3-5 能够看出，肉眼 - 生物显微镜观察下的气生藻类群落与小型溶蚀形态之间并没有明显的特定对应关系，两者同在肉眼观察下，一种类型的藻类群落，可能参与多种类型的小型溶蚀形态的形成，而一种类型的小型溶蚀形态的形成，可能有多种类型的藻类群落的作用。这种现象的出现，主要是因为小型溶蚀形态的形成还受水的淋溶作用、岩性和物理风化等的影响。气生藻类群落，在一些情况下（较小溶蚀形态）可能起直接控制形态的作用，而在另一些情况下可能起间接的促进作用。

表 3-4　云南石林碳酸盐岩表面着生的气生藻类群落与小型溶蚀形态形成的关系

肉眼－生物显微镜观察下气生藻类群落类型	群落类型的优势种	藻类群落所覆盖的溶蚀形态
墨水带	伯氏伪枝藻、寄生微囊藻等	鱼鳞状、球状、圆坑、不规则凹穴、不规则复杂形态、简单形态
粉末	皮壳伪枝藻、二型隐球藻、红色星球藻等	鱼鳞状、半球状、球状、圆坑、不规则凹穴、不规则复杂形态、简单形态
壳状	皮壳伪枝藻、滴岩黏球藻、红色星球藻等	鱼鳞状、半球状、圆坑、不规则凹穴、不规则复杂形态、简单形态
膜状	帕氏伪枝藻、米氏伪枝藻、捏团黏球藻	鱼鳞状、半球状、平行凹槽、圆坑、不规则凹穴、不规则小坑、表面光滑石牙、不规则复杂形态、简单形态
皮状	红网鞘丝藻钙质变种、易脆裂须藻、翠绿微囊藻	圆坑、不规则复杂形态、简单形态
斑块	果实管孢藻、红色星球藻、棒状皮果藻	平行凹槽、圆坑
球状	林氏念珠藻、红网鞘丝藻钙质变种	不规则复杂形态、简单形态
粉末斑块	皮壳伪枝藻、喜钙念珠藻、红色星球藻	平行凹槽、鱼鳞状、半球状、球状、圆坑、不规则凹穴、不规则复杂形态、简单形态、不规则小坑
粉末壳状	帕氏伪枝藻、亚麻色单歧藻、棕黄微囊藻	鱼鳞状、半球状、球状、圆坑、不规则凹穴、不规则复杂形态、简单形态
膜状球状	伯氏伪枝藻、池生念珠藻、红色星球藻	不规则复杂形态、简单形态
膜状片状	盐生伪枝藻印度变种、寄生微囊藻	鱼鳞状、半球状、平行凹槽、圆坑、不规则凹穴、不规则小坑、表面光滑石牙、不规则复杂形态、简单形态
其他	墙壁眉藻、塞斯西雅隐球藻	鱼鳞状、圆坑、不规则凹穴、不规则小坑、棘刺状、不规则复杂形态

表 3-5　云南石林碳酸盐岩表面小型溶蚀形态的形成与其表面着生的气生藻类群落的关系

溶蚀形态	溶蚀形态表面藻类群落肉眼观察
鱼鳞状	墨水带，主流部分为蓝绿色藻膜
	藻呈网状，黑褐粉末状
	褐黑色藻
	黑色藻壳
	黑色藻壳
	黑色藻壳，易脱落
	黑色粉末，散见藻壳

续表

溶蚀形态	溶蚀形态表面藻类群落肉眼观察
半球状	炭黑色物质
	棕黑色藻壳
	黑色藻膜
球状	墨水带边缘，黑色粉末
	黑色藻膜
平行凹槽	绿色藻膜
	黑色斑块
圆坑	黑色粉末状藻
	黑色粉末，壳状藻
	墨绿色藻膜
	肉红色藻
	墨水带边缘，黑藻壳
	黑色斑块
	黑色壳，点状，粉末状
	黑色皮壳状
	烟囱灰状，壳状藻
	黑膜、片状
不规则凹穴	浓黑、黑褐色膜状，深绿色球状
	许多藻壳
	黑色藻壳
	黑色藻膜
	墨水带主流部分，黑色藻壳，剥蚀作用强
	墨水带主流右侧，灰黑色藻壳，剥蚀作用强
	墨水带主流左侧，黑色藻壳，剥蚀作用强
	褐黑色藻
	褐黑色藻
不规则小坑	黑色藻膜
	黑色藻膜
	黑褐色膜状
	黑粉末，小斑块
	黑色藻，剥蚀作用强

续表

溶蚀形态	溶蚀形态表面藻类群落肉眼观察
不规则复杂形态	墨水带，黑粉末，小瘤、皮状
	黑色藻皮
	黑色小球状
	墨水带，主流部分瘤状
	墨水带，主流部分墨绿色藻皮
	墨水带边缘，黑色粉末
	墨水带主流部分
	黑色藻壳
	黑色粉末遍布整个岩面，散见一些黑色小群落，紧密附着于岩石
	黑色藻壳
	墨水带边，灰黑色壳状藻
	墨水带边，棕黑色粉末状藻
	墨水带边，黑色壳状藻
	黑色藻膜
	褐红色藻，刮下后，里面呈绿色
简单形态	墨水带主流部分，淡绿皮状
	墨水带边缘，黑球状
	黑色粉末
	墨水带，浓黑色膜状，球状
	墨水带，乌黑色膜状，白色、黄色团块
	墨水带，主流部分为黑绿色膜状，主流边缘为小球状藻
	黑色藻壳
光滑的石牙表面	黑色藻膜
棘刺状	浅绿色，墨绿色藻

三、中型溶蚀形态

中型溶蚀形态（10^0 ~ 10^{-1} m），主要为梳状溶痕、溶坑、溶盆、溶沟、溶槽等。

1. 梳状溶痕

在研究区，岩石岩性越纯（含 CaO 越多）的表面，越容易发现垂直的梳状溶痕。它是一种由岩石顶部沿着表面逐渐向下发育，像梳子形状的精细溶沟（照片 136 ~ 140）。宽 2 ~ 50 mm，长 20 ~ 4000 mm。是石林景区内的一道奇观。半球状、球状、不规则凹穴、不规则小坑等小型溶蚀形态经过雨水的淋蚀，表面藻类的促进作用，沿着水流的方向逐渐扩大并彼此相连，形成梳状溶痕。梳状溶痕再不断加宽加深加长，形成溶沟、溶槽（图3-15）。

照片 136　大石林。碳酸盐岩表面的梳状溶痕

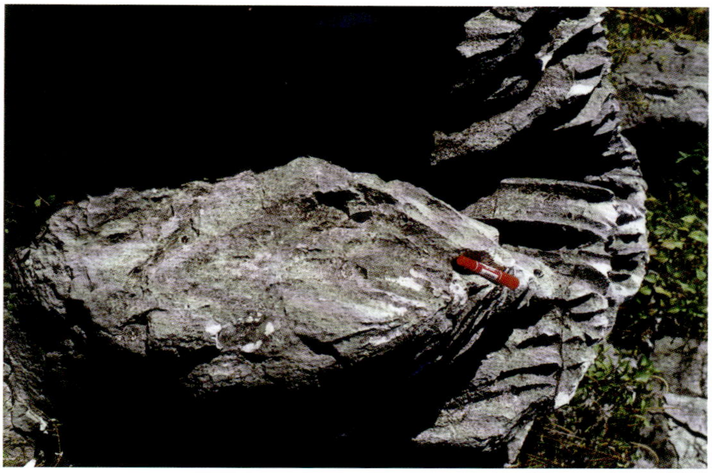

照片 137　李子园箐。碳酸盐岩表面的梳状溶痕

照片 138　乃古石林。碳酸盐岩表面的梳状溶痕 [Y-99007]

照片 139　乃古石林。碳酸盐岩表面的梳状溶痕 [SL-99018]

照片 140　乃古石林。碳酸盐岩表面的梳状溶痕 [SL-99018]

2. 溶坑

溶坑（照片 141、照片 143）是由不规则凹穴、不规则小坑、圆坑等小型溶蚀形态扩大变深发育而来的。藻类起促进作用，有的溶坑内有土壤，生长着苔藓和蕨类，这更增加了对碳酸盐岩的生物溶蚀作用。

3. 溶盆

溶盆（照片 142、照片 144）也是由不规则凹穴、不规则小坑、圆坑等小型溶蚀形态扩大变深发育而来的。与溶坑不同的是，溶盆具有大的口面直径（200 ~ 800 mm）、小的深度（50 ~ 200 mm）和平坦的底部。溶盆多发育于碳酸盐岩的顶部，溶盆的四壁，阳光暴晒和水分蒸发少，其上的藻类较多，生长较快，溶蚀作用强烈，甚至有小型溶蚀形态形成；溶盆的底部，则周期性地受阳光的暴晒和水分的强烈蒸发，其上的藻类较少，生长较慢，溶蚀作用相对弱。

4. 溶沟

普遍分布在大小石林景区内的碳酸盐岩的表面，宽 80 ~ 300 mm，深 70 ~ 400 mm。

照片 141 大石林。溶坑

照片 142 大石林。溶盆，口面直径大，浅而平坦的底部 [SL-99061]

照片 143 大石林。溶坑

其形成过程分两种情况：第一，为流水沿岩层垂向节理和横向层理溶蚀而形成（照片 145、照片 146）；第二，为溶坑和溶盆进一步溶蚀加宽加深，而后彼此相连而形成（照片 147 ~ 151）。两种情况中，藻类均起促进作用。溶沟形状通常不规整，拐弯多。

照片 144　大石林。溶盆

照片 145　大石林。狮子亭下，为流水沿岸层垂向节理和横向层理溶蚀而形成溶沟

照片 146　大石林。为流水沿岸层垂向节理和横向层理溶蚀而形成溶沟 [SL-99037，Y-99012]

照片 147　大石林。溶坑形成

照片 148　大石林。溶坑相互连接，形成溶沟

照片 149　大石林。溶坑相互连接，形成溶沟 [SL-99032]

照片 150　大石林。溶坑相互连接，形成溶沟

照片 151　大石林。溶沟

照片 152　大石林。桶状溶槽

5. 溶槽

溶槽（照片 152、照片 153）较溶沟宽大、规整、通直。宽 300 mm 以上，深 400 mm 以上。分布在大石林景区内，多个溶槽（也称圆桶状溶槽）(钱凯先等，1982）在一起，组成剑状岩体。有学者认为，溶沟的宽十余厘米至 2 m 不等，深由数厘米至 3 m，长度不超过 5 倍者为溶沟，大于 5 倍者为溶槽（Folk R. A. et al., 1973）。溶槽形成过程也分两种情况：第一，为流水将梳状溶痕进一步溶蚀加宽加深而形成（照片 154）；第二，为溶坑和溶盆进一步溶蚀加深而形成（照片 155、照片 156）。藻类均起促进作用。

照片 153　大石林。桶状溶槽

照片 154　大石林。向桶状溶槽发育的梳状溶痕

照片 155　大石林。向桶状溶槽发育的溶坑

照片 156　大石林。向桶状溶槽发育的溶盆

四、大型溶蚀形态

大型溶蚀形态（>10^0 m），主要为剑状岩体、锥状岩体、蕈状岩体等。

1. 剑状岩体

剑状岩体（照片 157 ~ 166）是指柱体形态呈剑状、尖锥形、刃脊墙状，表面有各种梳状溶痕、溶沟和圆桶状溶槽的大面积碳酸盐岩露头。主要发育在单层厚度大于 5 m 的灰岩、白云质灰岩中。主要分布于大小石林、李子园箐景区。

照片 157　大石林。剑状岩体

照片 158　大石林。剑状岩体

照片 159　大石林。剑状岩体

照片 160　大石林。剑状岩体

照片 161　大石林。剑状岩体

照片 162　大石林。剑状岩体

照片 163　大石林。剑状岩体

照片 164　小石林。剑状岩体，“阿诗玛”

照片 165　李子园箐全貌，剑状岩体

照片 166　乃古石林。剑状岩体

2. 锥状岩体

锥状岩体（照片 167 ~ 175）是指柱体呈叠层锥状或串珠状，有几层至十多层叠置，层与层已相互分离的大面积碳酸盐岩露头。为流水沿岩层垂向节理和横向层理溶蚀，成为彼此分离的叠层。主要发育在中薄层灰岩、白云质灰岩中。分布于李子园箐景区。

照片 167　李子园箐。锥状岩体

照片 168　李子园箐。锥状岩体，流水沿岩层垂向节理和横向层理溶蚀，成为彼此分离的叠层 [Y-99014]

照片 169　李子园箐。锥状岩体

照片 170　李子园箐。
锥状岩体

照片 171　李子园箐。
锥状岩体 [Y-99013]

照片 172　乃古石林。
锥状岩体，“十八相送”

照片 173　李子园箐。锥状岩体，“望夫石”
[Y-99022]

照片 174　李子园箐。锥状岩体，“骆驼骑象”
[Y-99023]

照片 175　李子园箐。锥状岩体，
“母子偕游”

3. 蕈状岩体

蕈状岩体（照片 176 ~ 181）也叫蘑菇状石林，为上粗下细的石柱组合体，景观独特。主要发育地层多是上部单层厚度较大，下部单层厚度较薄的灰岩、白云质灰岩中。分布于乃古石林、万年灵芝景区。

照片 176　李子园箐。蕈状岩体，“万年灵芝”远眺

照片 177　李子园箐。蕈状岩体，“万年灵芝”近观 [Y-99015]

照片 178　乃古石林。蕈状岩体

照片 179　李子园箐。蕈状岩体，“喜相逢”

照片 180　李子园箐。蕈状岩体

照片 181　小石林。蕈状岩体 [Y-99025]

大型溶蚀形态的形成主要受岩石岩性、节理和层面的控制，藻类尤如其表面的一层活化剂，起促进作用。

在云南石林，还能见到少量的喀斯特沉积形态（照片 182、照片 183），它们分布在阴暗的有流水的地方。微囊藻、伪枝藻是生长在它上面的主要种类。

照片 182　大石林。石灰华沉积形态

[SL–99028]

照片 183　大石林。石灰华沉积形态近观

[SL–99028]

第二节　气生藻类对云南石林溶蚀形态形成的作用

气生藻类在溶蚀形态发育的不同阶段所起的生物喀斯特溶蚀作用有不同的表现（表 3–6）。在这一过程中的溶蚀作用分为两方面：促进作用和控形作用。促进作用，是指在溶蚀形态形成的过程中，藻类通过其自身藻体的生命活动和生理生化过程，间接参与和加强溶蚀形态形成的作用，它不能控制溶蚀形态外观形貌的形成。只要有藻类生长，藻类的促进作用始终贯穿着溶蚀形态的形成。控形作用，是指在溶蚀形态形成的过程中，藻类通过其自身藻体的形态、生命活动、生理生化过程和群落聚集，主动控制溶蚀形态外观形貌形成的作用。它分为藻个体（algal individuality）控形作用和藻群落（algal community）控形作用。藻个体控形作用是藻群落控形作用的本质，藻群落控形作用是藻个体控形作用的综合体现。藻个体控形作用，主要控制微型溶蚀形态。这方面的研究工作已出现不少文

献（包浩生等，1993；张捷，1993，1994a，b；张捷等，1995；曹建华，1993；曹建华等，1995，1996；曹建华等，1998；王福星，1996）。藻群落控形作用，主要控制微型溶蚀形态和较小的小型溶蚀形态。藻类对石林地区的影响加速了整个石林的风化过程。

表 3–6　云南石林碳酸盐岩表面气生藻类在溶蚀形态形成过程中的溶蚀作用

溶蚀形态	气生藻类的溶蚀作用
微型	促进作用、藻个体控形作用、藻群落控形作用
小型	促进作用、藻群落控形作用（较小的形态）
中型	促进作用
大型	促进作用

云南石林的气生藻类主要是蓝藻，其他还有绿藻、金藻等门类的属种。除了气生藻类外，还生长有细菌、真菌、地衣、苔藓和蕨类等低等生物以及喜钙的高等植物等，在石林景观形成过程中也起着不可忽视的生物喀斯特作用。绿藻、金藻等会分泌有机酸，对碳酸盐岩产生溶蚀作用，但它们的钻孔作用不明显；细菌、真菌、地衣等会进行强烈的钻孔作用（真菌钻孔较蓝藻钻孔的孔径小）（Schneider J., 1977），尤其是地衣，它是真菌和蓝藻的共生体，又会产生地衣酸，钻孔作用十分明显，在乃古石林分布较广；苔藓、蕨类和高等植物等通常生长在有一定水分和泥土的石缝或石坑里，是继藻类和地衣等先锋植物生长繁殖使岩表风化疏松具有一定水分和泥土时，才逐渐生长演替来的生物，它们的出现往往会加大对碳酸盐岩的生物喀斯特作用，形成大型的溶坑、溶沟，等等，如高等植物明显的根劈作用，常常使整块坚硬的岩石破碎。

第四章　结论与讨论

第一节　结　论

气生蓝藻普遍分布于云南石林地区“裸露”的碳酸盐岩表面。显微观察发现，该地区气生蓝藻十分丰富，分属于4目11科31属188种，其中，有一个新种和三个新变种。优势种为寄生微囊藻、红色星球藻、伯氏伪枝藻和皮壳伪枝藻。前两者的体积相对数和出现相对次数均偏高，在岩石表面呈面状分布，相对均衡；后两者的体积相对数较高，但其出现相对次数却偏低，说明伯氏伪枝藻和皮壳伪枝藻在岩石表面，呈点状分布，相对集中。气生蓝藻具有色泽鲜艳和为了防止藻体内水分过度蒸发的宽厚坚硬的胶被或胶鞘，这是适宜高山岩石表面干燥生活的典型进化特征。

气生藻类群落因观察方式的不同有不同的分类，本书分为肉眼－生物显微镜观察下气生藻类群落和体视显微镜－生物显微镜观察下气生藻类群落。前者又分为墨水带、粉末、壳状、膜状、皮状、斑块、球状、粉末斑块、粉末壳状、膜状球状和膜状片状等；后者分为小型球状藻体群落、大型球状藻体群落、丝状藻体群落、小型球状藻体大型球状藻体群落、小型球状藻体丝状藻体群落、大型球状藻体丝状藻体群落和小型球状藻体大型球状藻体丝状藻体群落。前者揭示宏观藻类群落形态与微观藻类物种的简单联系；后者揭示藻类群落的内部结构，或者说藻类群落内部不同藻类之间的生态关系（生存竞争关系）。

岩性作为微环境的一个因子，影响着主要受微环境控制的蓝藻的分布。通过对研究区内各景区的比较发现，岩石的CaO/MgO比值有着明显的差异：乃古石林＜大石林＜万年灵芝＜李子园箐。这种差异也明显地影响着藻类的分布。在大小石林和乃古石林广泛分布的是伯氏伪枝藻和寄生微囊藻，而在李子园箐和万年灵芝则广泛分布的是黑色黏球藻和皮壳伪枝藻。

根据实地野外观察与实验观测，在综合前人研究成果基础上，本书将云南石林岩表的溶蚀形态分为微型溶蚀形态（$<10^{-3}$ m）、小型溶蚀形态（$10^{-1} \sim 10^{-3}$ m）、中型溶蚀形态（$10^{0} \sim 10^{-1}$ m）和大型溶蚀形态（$>10^{0}$ m）。微型溶蚀形态主要表现为钻孔、溶穴、溶窝、微沟和微缝等；小型溶蚀形态分为鱼鳞状、半球状、球状、平行凹槽、圆坑、不规则凹穴、不规则小坑、不规则复杂形态、简单形态、表面光滑石牙和向光棘刺状；中型溶蚀形态分为梳状溶痕、溶坑、溶盆、溶沟、溶槽等；大型溶蚀形态分为剑状岩体、锥状岩体、蕈状岩体等。它们之间有着继承性的密切的发育关系。

气生藻类在溶蚀形态形成的过程中，有着积极的生物喀斯特作用，能够影响喀斯特形态乃至喀斯特地貌的形成，这种影响分为直接的和间接的两种。直接的影响是指藻体形态类对喀斯特溶蚀形态的主动控制，即控形作用；间接的影响是指藻类通过其自身藻体的生命活动和生理生化过程，间接参与和加强溶蚀形态形成的作用，它不能控制溶蚀形态外观形貌的形成，即促进作用。控形作用又分为藻个体（algal individuality）控形作用和藻群落（algal community）控形作用。藻个体控形作用是指单个藻细胞、藻丝体或藻体的控形作用；藻群落控形作用是指多个细胞、藻丝体或藻群落的控形作用。藻个体控形作用是藻群落控形作用的本质，藻群落控形作用是藻个体控形作用的综合体现。气生藻类的生物喀斯特溶蚀作用在溶蚀形态发育的不同阶段有不同的表现。藻个体控形作用，主要控制微型溶蚀形态；藻群落控形作用，主要控制微型溶蚀形态和较小的小型溶蚀形态。藻类生长在碳酸盐岩表面犹如一层活化剂，以它的生物溶蚀促进作用，始终贯穿在所有喀斯特溶蚀形态（微型、小型、中型、大型溶蚀形态）的形成过程中。藻细胞还随着气候的干湿变化，不断紧缩膨胀，给岩石表层带来一定的机械破坏。藻类的所有这些作用，都使岩石表层形成一层灰白色疏松多孔层，极大地加快了岩石的风化过程。

第二节　讨　论

关于本书的研究，有如下问题需要讨论：

一、气生蓝藻的微群落生态学的定量研究

气生蓝藻的微群落生态学研究发展缓慢，近几十年才引起人们的关注，但仍处于定性研究阶段（Peterwolk C., 1980；Carr N. G. et al., 1973；福迪，1980；中国科学院青藏高原综合科学考察队，1992；胡鸿钧等，1980；李尧英，1980；朱浩然，1991），未见定量统计研究的文献出现。因为面对细胞大小以微米计，在显微镜观察下才能辨别种类的气生藻类，想弄清它们当中的不同种类在相对它们而言十分广阔的研究区的分布情况，是一件极为困难的事情。本书运用的定量统计研究方法是通过对体积相对数和出现相对次数进行统计来实现定量研究的。体积相对数，是一个在显微镜下目测的相对数值，只具有比较意义，并不代表实际的体积数，它是研究区所有微片中相同藻类的体积目测百分数之和。而体积目测百分数是每张微片中每一种藻类占该微片中总藻类体积（在微片中，每一种藻类占该微片的面积越大，则该种藻类的体积越大）百分数的目测值。藻类的体积目测百分数越大，则可反映该种藻类在该微片中的生物量也越大，所以，作为体积目测百分数之和的体积相对数，即相当于藻类的相对生物量。某种藻类的体积相对数越大，能够说明该种藻类在藻类群落中对生物喀斯特作用的贡献越大。应该强调，某种气生藻类在研究区出现的实际次数，我们是无法统计的，似乎也没有必要。我们关心的是：不同气生藻类在研究区出现的频率是否不同，有什么不同？也就是说，我们关心的是不同气生藻类之间比较的结果，而不是某种气生藻类实际出现次数。因此，本书在统计气生藻类的出现次数时，用的是出现相对次数——将一种藻类出现于一张微片中，认定为该种藻类在研究区出现一次，则同一种藻类出现于多张微片中的微片数，为该种藻类在研究区的出现相对次数。某种藻类的出现相对次数越多，能够说明该种藻类在研究区所起的生物喀斯特作用面积越广。某

种藻类的体积相对数（相对生物量）与出现相对次数越大，则该种藻类在生物喀斯特作用中贡献越大，即为该藻类群落的优势种。统计研究结果的有效性常常决定于采取样本的多少，样本越多，结果的有效性越高。本书所得出的结果是建立在目前对云南石林采样数量的基础上，虽然它们已经能说明许多问题，但要对云南石林有更全面更完善的研究，还有待于今后做进一步更深入的采集。

二、控形作用的提出

藻类对碳酸盐岩的溶蚀作用是一个十分复杂的过程，其详细的机理是尚待研究的问题。目前，文献中对这一机理说法不一，但归纳起来藻类的溶蚀作用可以从两个方面来看，如表 4-1 所列。从作用性质来看，可分为化学作用和物理作用。化学作用中又有分解作用、生物化学作用、溶蚀作用和酸蚀作用；物理作用中又有解体作用、机械侵蚀作用、破坏疏松作用、持水作用和剥离作用。从作用形式来看，可分为直接作用和间接作用。直接作用中有钻孔溶蚀作用、钻孔作用；间接作用中有促进作用。溶蚀作用的这两个方面彼此有着十分紧密的关系，化学作用和物理作用都要通过直接作用和间接作用的形式表现出来，而直接作用和间接作用中都包含着化学作用和物理作用，它们仅仅是同一事物（藻类溶蚀作用）的两个方面。本书气生藻类对云南石林的溶蚀作用也分为直接作用和间接作用。直接作用，本书称为控形作用，是指藻类对喀斯特溶蚀形态的主动控制作用；间接作用，本书称为促进作用，是指藻类通过其自身藻体的生命活动和生理生化过程，间接参与和加强溶蚀形态形成的作用，它不控制溶蚀形态外观形貌的形成。如上述分析，这里的控形（直接）作用和促进（间接）作用中都包含着化学作用和物理作用。之所以本书提出控形作用，主要目的是为了强调溶蚀形态外观形貌形成的生物成因。笔者认为这是生物喀斯特要抓住的关键问题。控形作用一词的提出，将能够引出藻类控形作用的范畴、机制和过程等一系列值得研究的重要问题。

表 4-1 有关文献中藻类的溶蚀作用

藻类的溶蚀作用 / 有关文献	作用性质		作用形式	
	化学作用	物理作用	直接作用	间接作用
钱凯先，朱浩然（1982）	即分解作用（decomposition）。穿钙藻类的丝体穿入碳酸钙基质物系为一种化学溶解过程（Golubic, 1969, 1970）……Chodat(1989) 就已指出穿入基质的藻体周围发现一种碱性反应，此时，碳酸钙被分解，释出二氧化碳，并产生氢氧化物。Fritsch(1952) 曾指出在穿钙藻类的代谢分泌物中含有乙酸，这是可以分解碳酸钙的化学物质	即解体作用（disintegration）。由于藻类在基质内大量生长，使得基质变成多孔、疏松的状态而破裂		

续表

藻类的溶蚀作用 / 有关文献	作用性质		作用形式	
	化学作用	物理作用	直接作用	间接作用
曹建华（1993，1996，1998）	生物化学作用。藻类呼吸作用（夜间）释放 CO_2，遇水生成碳酸，同时，还可直接向微环境中释放酸性物质及螯合代谢产物促进石灰岩的溶解。另外藻类分泌的粘液及液体，主要成分是多糖。多糖在微生物作用下，可氧化分解成草酸或丁酸，加强石灰岩的溶解		指生物体对碳酸盐岩的钻孔溶蚀作用，并在岩石表面留下特征性的溶蚀产物	是生物通过新陈代谢改变周围环境的物理、化学性质而导致对碳酸盐岩的溶蚀
王福星等（1993）			指大量的生物（藻类、真菌、地衣、细菌等）对可溶岩石的溶蚀和钻孔作用（主要通过生物化学作用）以及植物、动物对可溶岩石的破坏作用	指生物的新陈代谢或死亡腐烂，为水提供大量的 CO_2，提高了水对可溶岩的溶蚀能力
张捷（1993，1994a，b）	是指通过一些与藻类生理活动相关的化学过程引起的侵蚀溶蚀作用。藻类的胶鞘或其分泌的黏液的主要成分是多糖，多糖可转化为单糖，并在好气环境下在经微生物作用转化为草酸并产生 CO_2。藻类还可释放酸性物质或螯合代谢物质促进碳酸盐岩的溶蚀作用。嵌生型及表生型藻类在潮湿后立即恢复活动，吸水膨胀并释放 CO_2（夜间），这可引起藻类群落所着生的可溶岩基质的局部溶解。藻类还具有某些酸蚀作用	内生藻类群体形成的钻孔网络可以增强岩石化学溶蚀的有效表面积并导致其表面强度减弱而促进机械侵蚀的作用，以及对其周围的岩石颗粒胶结的破坏、疏松作用而加速岩石内矿物的分解。持水作用（延长水对灰岩表面的接触及相应的反应时间）。剥离作用	钻孔作用（主要是化学过程）	藻类对大尺度的喀斯特侵蚀形态的形成起促进作用，甚至在某些情况下成为可溶岩侵蚀、溶蚀的主要营力

书中将控形作用又分为藻个体（algal individuality）控形作用和藻群落（algal community）控形作用。这是根据实际观察和藻类繁殖的具体情况而提出的。单个藻细胞、藻丝体或藻体在生长之初，对碳酸盐岩溶蚀形态的控形作用只是单个藻细胞、藻丝体或藻体的作用。而当单个藻类生长到一定阶段，不断繁殖，形成藻群落时，藻类对碳酸盐岩溶蚀形态的控形作用就转为藻群落的控形作用。藻个体控形作用和藻群落控形作用形成的溶蚀形态是不一样的。藻个体控形作用形成的溶蚀形态多与藻个体的形态相仿。藻群落控形作用形成的溶蚀形态多与藻群落的形态相仿。在藻个体向藻群落发展的同时，其控形的溶蚀形态的外观形貌也由藻个体的形态向藻群落的形态发展。这两种控形作用在研究区同时存在。在一藻群落中，每一个藻个体控形作用均是整个藻群落控形作用的本质，而整个藻群落控形作用则是每一个藻个体控形作用的综合体现。

三、云南石林溶蚀形态的划分

本书将溶蚀形态划分为微型溶蚀形态（$<10^{-3}$ m)、小型溶蚀形态（$10^{-1} \sim 10^{-3}$ m)、中型溶蚀形态（$10^{0} \sim 10^{-1}$ m）和大型溶蚀形态（$>10^{0}$ m)。不同溶蚀形态尺寸大小的界定是依据观察限度和藻类的溶蚀情况。微型溶蚀形态，是必须要借助体视镜或电镜才能观察到的溶蚀形态，其形成过程主要受藻个体控形作用和藻群落控形作用的影响。小型溶蚀形态，是通过肉眼直接观察就可清楚辨认的溶蚀形态，其形成过程主要受藻群落控形作用的影响，部分较小的还受藻个体控形作用的影响。在中型溶蚀形态和大型溶蚀形态的外观形貌的形成过程中，藻类因其个体和群落太小，其控形作用无法体现出来，因此认为它主要起促进作用。

值得一提的是，与藻类在溶蚀作用过程中只能控制微型溶蚀形态（$<10^{-3}$ m）和部分小型溶蚀形态（$10^{-1} \sim 10^{-3}$ m）的形成相比较，藻类在沉积作用过程中却不仅仅能控制微小沉积形态的形成，如瘤状钙华、核形石等，还能够控制宏大的沉积形态的形成，例如洞口向光石钟乳（王福星等，1993)、瀑水钙华（张捷，1992；田友萍等，1997，1998，2000；田友萍，2000)、边石坝（王福星等，1993)，等等。

四、藻类对喀斯特景观的着色作用

蓝藻常常在碳酸盐岩表面，顺着雨水流动的方向扩展，形成一条条黑色带状的外观，称为“墨水带”，或以不同黑色小群落的方式分布和生活在几乎整个碳酸盐岩的表面，使其表现为黑色。当天气久干无雨时，生活在岩石上的蓝藻生长相对缓慢，细胞处于收缩状态，以保持体内的水分，其颜色成为灰黑色。一旦下雨，蓝藻细胞膨胀，其膨胀体积能达到紧缩时的 3 ～ 6 倍，生命活动旺盛，其颜色成为黑色。蓝藻的这些生态特征，导致云南石林的石峰石柱会随天气变化而改变颜色，阵雨之时，灰黑色的石柱呈浓墨色。在体视镜下，能清楚地观察到这一特征，将少许水滴到已干的藻体上，蓝藻逐渐膨胀至原来的 3 ～ 6 倍，灰黑色加深至浓墨色（照片 7-10)。雨过天晴，数十分钟内，无数石峰又由黑色变为灰黑色。所以说，蓝藻对云南石林的景观有着一定的着色作用。类似的现象还见有桂林漓江山水著名景点“九马画山”。实际上许多喀斯特岩石表面的色泽都不同程度地受藻类色彩的影响。这一规律已被一些园艺工作者发现并用于园庭艺术中，我们常常能在公园里面看见，在一些水泥制成的假山表面，用黑色涂成类似“墨水带”的黑色条带，以模拟自然的石山景观。

云南石林碳酸盐岩表面有一部分还表现为黄色、红色、灰绿色和绿色等色彩。造成这些色彩的原因很复杂，可能是除蓝藻之外的其他低等生物，如铁锈菌、黄藻引起黄色和红色；地衣引起灰绿色；绿藻、苔藓引起绿色，等等。也可能是碳酸盐岩表面含有其他矿物质，如含铁即引起黄色和红色，等等。

藻类的着生也对石灰华等喀斯特沉积景观有着色作用。如川西九寨沟的珍珠滩，就是因为其表面覆盖着一层厚厚的金黄色硅藻席，使沉积的滩华呈现出金黄色而得名；九寨沟及贵州黄果树、马岭河峡谷风景区的众多瀑华表面的黑色，主要是因长满黑色蓝藻群落所致，等等（田友萍等，1998)。不仅如此，藻类对喀斯特地区的旅游景观中的水体也有着相当明显的着色作用，藻类可使水呈碧绿色或蓝绿色，并且还带有一定的色彩变化，如川西九寨沟众多的湖水就十分典型（李升峰等，1984）。

五、今后进一步的研究

藻类通过对岩石的溶蚀作用，获得自身所需的矿质养料，这一过程必定会使碳酸盐岩表层的矿质元素（尤其钙和碳等）发生迁移，这种迁移是怎样的？它与理化作用引起的元素迁移有何区别和联系？随着生物的生长、繁殖、衰老和死亡，其生物喀斯特作用的方式和速度有何变化？ 生物溶蚀作用与非生物溶蚀作用在作用结果和作用速度上有何区别和联系？两种作用分别在什么情况下占主导？弄清这些问题，将有助于进一步深入揭示更多的喀斯特现象及机理。今后很有必要将生物喀斯特作用与非生物喀斯特作用的发展过程进行对比研究及实验室模拟。

自有生命以来，生物就无时无刻不在参与着地球表层的进化过程。地球表层几乎不存在未经过生物作用的物质（张昀，1992）。在全球喀斯特地区，生物以其喀斯特作用参与着碳循环（袁道先，1993；袁道先，1995）。藻喀斯特的研究将有助于碳循环的研究。

喀斯特地区被视为一种同沙漠边缘一样的脆弱环境（袁道先等，1988），一旦破坏，很难恢复，这些地区常常是贫困区，如何才能达到可持续发展是亟待解决的首要问题，其中，恢复生态环境是可持续发展的重要一环。藻类，尤其是蓝藻等先锋植物是恢复喀斯特地区生态环境的开路先锋，藻喀斯特的研究无疑能为解决这一问题提供重要的线索。今后需要探索生物喀斯特作用对喀斯特地区生态环境的影响如何？对喀斯特地区生态环境恢复的可行性有多大？

藻类的溶蚀作用对于历史文物（碳酸盐岩石刻碑铭、遗址等）有着不容忽视的毁损破坏作用，尤其对于表面十分精细的碑刻、石雕等文物破坏性更强。藻喀斯特的研究将可能为保护这类历史文物提供帮助。

随着地学与生物学之间的不断交叉和渗透，生物喀斯特学的研究将不断发展，它将日益完善和丰富喀斯特学理论。

致谢

本书在撰写过程中，从拟定选题、野外调查、室内工作、撰写修改到定稿均是在南京大学地理与海洋科学学院导师包浩生教授的精心指导和严格要求下完成的。导师深邃渊博的学术思想、认真严谨的治学态度、孜孜以求的进取精神、十分忘我的工作作风给我留下深刻的印象，并时刻激励我前行，是我一生工作和学习的楷模。他言传身教、诲人不倦、无微不至的关怀令我终生难以忘怀。在此向他致以崇高的敬意和诚挚的谢意！与此同时，还要感谢南京大学地理与海洋科学学院张捷教授为我提供了本选题的科研经费（中国石林研究基金资助的“石林表面藻类群落生态类型与石林景观特征的形成”项目）以及大量的第一手文献和资料，在野外考察、室内工作和本书撰写中提出了积极的建议并给予十分耐心的指导，使得研究工作顺利进行和本书最终出版。在研究过程中，我还要由衷地感谢中国科学院地理科学与资源研究所宋林华研究员、南京大学生物系曾昭琪教授、刘志礼教授与南京大学海洋科学学院俞锦标教授以及中国地质调查局岩溶地质研究所袁道先院士和曹建华博士，是他们对本研究给予了极大的启迪和教导。宋林华教授对野外和室内工作提出了大量的建议并给予了耐心的指导和热情的帮助；曾昭琪教授对藻类的研究工作给予了细致的指导和帮助，是他积极的支持、鼓励和肯定，催我奋发，不断进取，在藻类研究方面努力探索；刘志礼教授对藻类的地质作用提出精辟的见解，对本研究给予了极大的关注和支持；俞锦标教授为我提供了十分宝贵和重要的有关云南石林的文献，并对研究工作提出了中肯的建议；袁道先院士对我的研究工作给予了极大的支持并提出建设性意见；曹建华博士对我的研究工作和本书撰写提出了非常精辟和宝贵的意见。

衷心感谢在野外工作时，云南省石林国家重点风景区管理局为我们提供了优越的住宿条件，感谢石林彝族自治县县委书记、石林国家重点风景区管理局原局长王富昌高级工程师和石林国家重点风景区管理局现任局长李忠德高级工程师对我们工作的热心支持，感谢郑炳元助理和张丽萍同志对我们的工作给予了大力协助。是他们的热心支持和大力协助，才使石林研究中心的科研工作得以顺利进行并取得巨大进展。相信他们所做的一切会迎来景区更大更广阔的发展。

本书的出版受中国国家自然科学基金（编号：40402004）资助，在此感谢。

参考文献

包浩生，张捷．1993. 生物喀斯特微形态特征研究．包浩生主编，任美锷教授 80 华诞地理文集．南京，南京大学出版社，172 ~ 179.

曹建华，王福星，何师意，黄俊发．1995. 广西弄岗自然保护区壳状内生地衣与岩石持水性及其喀斯特意义．地球学报（4）：420 ~ 430.

曹建华，王福星．1996. 桂林地区生物喀斯特微观形态与喀斯特地貌宏观形态间分形特征．南京大学学报（自然科学版），32（1）：145 ~ 155.

曹建华，王福星，1998. 初探藻类、地衣生物岩溶微形态与内陆环境间相关性．地质论评，44（6）：656 ~ 660.

曹建华．1993. 桂林地区石灰岩表面生物岩溶溶蚀作用研究．中国岩溶（3）：11 ~ 22.

曹建华．1996. 广西弄岗自然保护区森林群落内环境生物岩溶侵蚀营力之特征．中国岩溶（6）：73 ~ 81.

崔建武．2006. 人为干扰对石林喀斯特山地植物群落物种多样性和群落结构的影响．中国科学院研究生院（西双版纳热带植物园）.

邓自强．1982. 试论植物作用对热带岩溶发育的影响，以广西弄岗自然保护区为例．中国岩溶，1（1）：49 ~ 57.

房金福，宋林华，张耀光等．1985. 碳酸盐岩表面硬度的研究．中国岩溶，4（4）：341 ~ 348.

福迪（Fott B.)（1971，罗迪安 译）. 1980. 藻类学．上海：上海科学技术出版社，11 ~ 396.

谷立立等．2013. 云南石林喀斯特石漠化过程的植被演替．玉溪师范学院学报，29（4）：32 ~ 35.

韩宝平．1998. 微观喀斯特作用机理研究．北京：地质出版社．

韩宝平．1988. 任丘油田碳酸盐岩溶蚀实验研究．中国岩溶（3）：81 ~ 88.

韩宝平．1993. 喀斯特微观溶蚀机理研究．中国岩溶（6）：97 ~ 102.

胡鸿钧等．1980. 中国淡水藻类．上海：上海科学技术出版社，1 ~ 70.

胡鸿钧，魏印心．2006. 中国淡水藻类系统、分类及生态．北京：科学出版社，1 ~ 203.

李升峰，张捷．1984. 藻类对喀斯特地区旅游资源的作用．载宋林华，丁怀元主编，喀斯特与洞穴风景旅游资源开发与保护国际会议论文集——喀斯特与洞穴风景旅游资源研究．北京：地震出版社，45 ~ 49.

李尧英．1980. 色球藻科一新属——肾胞藻属．植物分类学报，22（3）：191 ~ 192.

李永新，田友萍，李银．2011. 四川黄龙钙华藻类及其生物岩溶作用．中国岩溶，30（1）：86 ~ 92.

梁福源，宋林华，唐涛．2002. 路南石林空气中水—石灰岩作用研究．中国岩溶（2）：9 ~ 13.

林钧枢．1997. 路南石林形成过程与环境变化．中国岩溶（12）：346 ~ 350.

刘春林．2017. 云南大小石林景区景观特征及景观协调性研究．昆明：昆明理工大学，136.

刘再华等．2009. 世界自然遗产，四川黄龙钙华景观的形成与演化．地球学报，30（6）：841 ~ 847.

齐义彬，丁茜，朱东亚，何治亮．2021. 不同种类微生物对碳酸盐岩溶蚀普遍性．科学技术与工程，

21（3）：986 ~ 990.
钱凯先，朱浩然 . 1982. 江苏连云港海区的穿钙藻类 . 南京大学学报（藻类专辑），6.
任美锷，刘振中，1983. 岩溶学概论 . 北京：商务印书馆 .
申家琛等 . 2017. 贵阳喀斯特公园南石林秋季藓类植物的持水特性 . 生态与农村环境学报，33（10）：907 ~ 912.
宋林华，T. 沃尔什姆，曹南燕，王富昌 . 1997. Stone Forest，a Treasure of Natural Heritage（石林，自然遗产中的珍宝）. 北京：中国环境科学出版社 .
田友萍等 . 1996. 贵州盘县风洞蓝藻群落生态初探 . 中国岩溶，15（13）：233 ~ 237.
田友萍等 . 1997. 贵州香纸沟瀑水钙华藻席研究 . 中国岩溶，16（2）：145 ~ 154.
田友萍等 . 1998. 石灰华的生物成因研究 . 中国岩溶，17（1）：49 ~ 55.
田友萍等 . 2000a. 论旅游资源中石灰华景观的形态建成过程 . 地理科学，20（5）：456 ~ 461.
田友萍等 . 2000b. 川黔地区地表钙华中发现淡水叠层石及其现代藻席 . 地质论评，46（5）：549 ~ 555.
田友萍等 . 2001. 云南色球藻科新分类群 . 植物分类学报，39（3）：280 ~ 282.
田友萍等 . 2003. 云南石林碳酸盐岩表面气生藻类群落的研究 . 中国岩溶，22（3）：203 ~ 211.
田友萍等 . 2004. 气生藻类在云南石林景观形成中的作用 . 中国科学（D 辑），34（1）：75 ~ 88.
王飞燕 . 1982. 岩溶（喀斯特）形态及其类型 . 南京大学学报，146 ~ 1191.
王福星 . 1996. 广西弄岗自然保护区生物岩溶显微形态之发育特征 . 中国岩溶（6）：64 ~ 73.
王福星，曹建华，王俊发等 . 1993. 生物岩溶 . 北京：地质出版社，1 ~ 10.
王富昌 . 1998. 中国石林 . 昆明：云南科学技术出版社 .
王富昌，李忠得，李保民，陶洪林 . 1994. 中国路南石林开发历史考 . 喀斯特与洞穴风景旅游资源研究 . 北京：地震出版社，219 ~ 222.
王露 . 2022. 石林喀斯特地区湖泊藻类和碳埋藏响应流域开发的长期特征 . 硕士论文，昆明：云南师范大学 .
王露等 . 2022. 近百年来湖泊有机碳与无机碳埋藏响应流域开发的协同变化，以石林喀斯特地区为例 . 湖泊科学，34（5）：1751 ~ 1764.
王雪瑜 . 1985. 路南石林石英砂表面微形态分析 . 见，中国地理学会地貌专业委员会编 . 喀斯特地貌与洞穴 . 北京：科学出版社，87 ~ 95.
吴亮君等，2020. 湘西地质公园红色碳酸盐岩石林发育特征与研究价值 . 中国岩溶，39（2）：251 ~ 258.
吴庆余 . 1987. 藻类生物与自然界 CO_2 循环的生物地球化学 . 大自然探索，6（21）：43 ~ 47
徐海清等 . 2006. 云南石林喀斯特地区半湿润常绿阔叶林附生植物的初步研究 . 广西植物，26（1）：43 ~ 48，96.
杨汉奎，朱文孝，黄仁海 . 1985. 贵州河成石灰华的研讨 . 喀斯特地貌与洞穴，30 ~ 38.
俞锦标等 . 1983. 路南石林形成时代及古地理环境初步研究 . 南京大学学报（自然科学版），19（2）：362 ~ 374.
俞筱押 . 2006. 喀斯特小生境在喀斯特植被恢复中的作用研究，以石林国家地质公园为例 . 硕士论文，昆明：云南师范大学 .
俞筱押，李玉辉 . 2010. 滇石林喀斯特植物群落不同演替阶段的溶痕生境中木本植物的更新特征 . 植物生态学报，34（8）：889 ~ 897.
袁道先 . 1988. 岩溶学词典 . 北京：地质出版社，1988.

袁道先 . 1993. 碳循环与全球岩溶 . 第四纪研究（1）：1 ~ 6.
袁道先 . 1995. 岩溶与全球变化研究 . 地球科学进展，10（5）：471 ~ 474.
袁道先，蔡桂鸿，1988. 岩溶环境学 . 重庆：重庆出版社，1 ~ 332.
云南省风景园林学会地质地貌专业委员会等 . 1997. 中国路南石林喀斯特研究 . 昆明：云南科学技术出版社，1 ~ 85.
张捷 . 1992. 地表喀斯特沉积中藻类作用的观察研究 . 地理研究，11（2）：26 ~ 33.
张捷 . 1993a. 喀斯特侵蚀过程中藻类作用的微形态研究 . 地理学报，48（3）：235 ~ 243.
张捷 . 1993b. 地衣喀斯特侵蚀作用的初步研究 . 地理学报 . 48（5）：437 ~ 446.
张捷 . 1993c. 川西岷山灰岩区喀斯特堰塞湖形成中的生物作用 . 湖泊科学，5（1）：32 ~ 39.
张捷 . 1994a. 福建永安石林地貌的现代生物喀斯特侵蚀营力 . 山地研究，12（3）：136 ~ 140.
张捷 . 1994b. 南京梁代石刻微侵蚀的研究 . 地理学报，49（5）：418 ~ 428.
张捷 . 1997. 细菌、真菌对喀斯特作用的影响研究及其意义 . 中国岩溶，16（4）：362 ~ 369.
张捷等，1991. 石灰岩表面溶针孔的初步研究 . 中国岩溶，10（2）：151 ~ 160.
张捷等，1995. 生物喀斯特及其微形态研究 . 地球科学进展，10（5）：457 ~ 463.
张平究，潘根兴 . 2010. 植被恢复不同阶段下喀斯特土壤微生物群落结构及活性的变化：以云南石林景区为例 . 地理研究，29（2）：223 ~ 234.
张寿越 . 1984. 路南石林发育及其演进 . 中国岩溶，3（2）：78 ~ 88.
张彦儒、兰家琛、娄康发 . 1986. 黄龙奇观初析 . 大自然探索，5（16）：108 ~ 112.
张昀 . 1992. 新地球观 . 地球科学进展，7（1）：57 ~ 64.
中国科学院青藏高原综合科学考察队 . 1992. 西藏藻类 . 北京：科学出版社 .
朱德浩 . 1986. 九寨沟风景区和南斯拉夫普特维湖泊公园之比较 . 大自然探索，5（16）：113 ~ 118.
朱浩然 . 1991. 中国淡水藻志（第二卷，色球藻纲）. 北京：科学出版社 .
朱学稳，周绪伦 . 1990. 岷山岩溶区的石灰华沉积 . 中国岩溶，9（3）：56 ~ 70.
An Yuguo, Rong Kunfang, Li Jingyang et al. 1991. Microbiological Algal Dripstone Formation in Zhijing Cave, Guizhou Province. Abstract of IGCP 299 Inter. Sym. and Field Seminar, Guilin, China, 31 ~ 32.
Bathusrt R G. 1966. Boring algae, micrite envelopes, and lithification of molliscan biosparties. Geological Journal,5(1): 15 ~ 32.
Bell R A, Athey P V & Sommerfeld M R. 1988. Distribution of endolithic algae on the Colorado Plateau of Northern Arizona. The Southwestern Naturalist, 315 ~ 322.
Broady P A. 1981. The ecology of chasmolithic algae at coastal locations of Antarctica. Phycologia, 20(3): 259 ~ 272.
Brown B I. 1948. A study of the distribution of epiphytic plants in New York. The American Midland Naturalist, 39(2): 457 ~ 497.
Brown G Z et al. 2016. Making microbiology of the built environment relevant to design. Microbiome, 4.
Carr N G, Whittom B A. 1973. The biology of blue-green algae. Oxford, Blackwell.
Chafetz H S, Folk R L. 1984. Travertines depositional morphology and the bacterially controlled constituents. Journal of Sedimentary Petrology, 54, 289 ~ 316.
Coleine C et al. 2021. Endolithic microbial composition in Helliwell Hills, a newly investigated Mars-like area in Antarctica. Environmental Microbiology, 23(7): 4002 ~ 4016.
Danin A, Gerson R, 1982. Patterns of Limestone and Dolomite Weathering by Lichens and Blue-Green Algae and Their Palaeoclimatic Significance. Palaeogeography, Palaeoclimatology, Palaeoecology, 37,

221 ~ 233.
Den Hartog C. 1972. Boeken. Hydrobiologische Vereniging, Mededelingen van de Hydrobiologische Vereniging, 6(2): 43 ~ 45.
Desikachary T V. 1959. Cyanophyta. Indian Council of Agricultural Research. New Delhi, 1 ~ 669.
Emeis K C, Richnow H H and Kemps S. 1987. Travertine formation in Plitvice National Park, Yugoslavia, chemical versus biological control. Sedimentology, 34, 595 ~ 609.
Ercegović Ante. 1929. Dalmatella, nouveau genre des Cyanophycées lithophytes de la côte adriatique .Acta Botanica Croatica, 4(1): 35 ~ 41.
Folk R A et al. 1973. Black phytokarst from Hell, Cayman Island, British west Indies, Bull. Geol. Sco. Of Am., 84, 2351 ~ 2360.
Freytet P, Verrecchia E P. 1998. Freshwater organisms that build stromatolites, a synopsis of biocrystallization by prokaryotic and eukaryotic algae. Sedimentology, 45, 535 ~ 563.
Friedmann I, Lipkin Y & Ocampo-Paus R. 1967. Desert Algae of the Negev (Israel). Phycologia, 6(4):185~200. https,//doi.org/10.2216/i0031-8884-6-4-185.1.
Fritsch F E. 1922. The terrestrial alga. Journal of Ecology, 10(2): 220 ~ 236.
Fritsch F E. 1945. The Structure and Reproduction of the Algae. Cambridge University Press, 1 ~ 747.
Galindo-Martinez C T et al. 2022. The role of the endolithic alga Ostreobium spp. during coral bleaching recovery. Scientific Reports, 12.
Geitler L. 1932. Cyanophyceae. In L.Rabenhorst's Kryptogamen-Flora, Band 14. Leipzig, Germany, Akademische Verlagsgesellschaft M.B.H., 1 ~ 1194.
Goiubic S. 1969. Distribution, Taxonomy, and Boring Patterns of Marine Endolithic Algae, American Zoologist, 9(3): 747 ~ 751.
Golubic S. 1973. The relationship between blue-green algae and carbonate deposits. In, Carr N. G., Whitton B. A. eds., The biology of blue-green algae. Oxford, Blackwell, 434 ~ 472.
Golubic S, Ronald D P and Lukas K J. 1975. Boring Microorganisms and Microboring in Carbonate Substrates, In, The Study of Trace Fossils. Springer-Verlag New York Inc.
Henry J, Sun E, Friedmann I. 1999. Growth on Geological Time Scales in the Antarctic Cryptoendolithic Microbial Community., Geomicrobiology Journal, 16, 193 ~ 202.
Hidalgo-Arias A et al. 2023. Adaptation of the Endolithic Biome in Antarctic Volcanic Rocks. International Journal of Molecular Sciences, 24.
Hoffmann L. 1989. Algae of terrestrial habitats. The Botanical Review, 55(2): 77 ~ 105.
Hueck Van, Der Plas E H. 1968. The Microbial Deterioration of Porous Building Materials. International•1 39•Biodeterioration Bulletin, 4, 11 ~ 28.
Iha C et al. 2021. Genomic adaptations to an endolithic lifestyle in the coral-associated alga Ostreobium. Current Biology, 31(7).
Irion G, Muller G. 1968. Mineralogy, petrology and chemical composition of some calcareous tufa from the schnabische Alb, Germany. In, Muller G, Friedman G M eds. Recent developments of carbonate sedimentology in central Europe. New York, Springer Verlag, 71 ~ 157.
Irit N et al. 2023. Trichocoleus desertorum isolated from Negev desert petroglyphs, Characterization, adaptation and bioerosion potential. Science of the Total Environment, 904.
Javornicky P, Bot Inst, Acad Sci Czech, Prague Czech. 1973. A field method for measuring the

photosynthesis of snow and aerophytic algae. Arch. Hydrobiol., Suppl., Dtsch., Da., 41(3): 363 ~ 371.
Johnston G. 1842. A History of British Sponges and Lithophytes. (W.H. Lizars, Edinburgh), i–xii, 1–264, pls I–XXV.
Jones R J. 1965. Aspects of the biological weathering of limestone pavement. Proceedings of Geologists Associations, 76(4): 421 ~ 433.
Komar M., Nowicka–Krawczyk P, Ruman T et al. 2023. Biodeterioration potential of algae on building materials–model study. International Biodeterioration & Biodegradation, 180, 105593.
Kützing F T. 1849. Species algarum. Lipsiae [Leipzig], F.A. Brockhaus. West, G. S. 1916. Algae. Vol. I. Cambridge Univ. Press. Cambridge, England.
Li Q, He Y, Li Z. 2017. The promoting effect of soil carbonic anhydrase on the limestone dissolution rate in SW China. Carbonates and Evaporites, 32(2): 147 ~ 154.
Liu X et al. 2022. Biofilms on stone monuments, biodeterioration or bioprotection? Elsevier BV, 30(9): 816 ~ 819.
Mahanandia S & Singh L. 2023. Subaerial cyanobacteria on the monuments and exterior surface of building facades of Odisha state, India. Taiwania, 68(2): 193 ~ 204.
Matthes–Sears U et al. 1999. Community structure of epilithic and endolithic algae and cyanobacteria on cliffs of the Niagara Escarpment. Journal of Vegetation Science, 10(4): 587 ~ 598.
Mera Galán de, Hagen M A, Vicente Orellana J A. 1999. Aerophyte, a new life form in Raunkiaer's classification? Journal of Vegetation Science, 10(1): 65 ~ 68.
Moore G W, Nicholas G, Sullivan F S C. 1980. Speleology–the study of cave. Behavior and Products of Cave Microorganisms, 73 ~ 85.
Neumann A C. 1968. Biological erosion of limestone coasts. In Fairbridge R W ed., Encyclopedia of Geomorphology, New York, Reinhold, 75 ~ 81.
Paine S G, Linggood F V, Schimmer F et al. 1933. The Ralationship of Microorganisms to the Decay of Stone. Philosophical Transations of Royal Society, 22B, 97 ~ 127.
Pazdur A, Pazdur M F, Szulc J. 1988. Radio–carbon dating of Holocene calcareous tufa in southern Poland, Radiocarbon, 30, 51 ~ 133.
Pentecost A. 1989. Growth and calcification of Calothrix–dominated oncolites from Northern England. In, Crick R E ed., Origin, Evolution and Modern Aspects of Biomineralizations in Plants and Animals. New York, Plenum Press, 443 ~ 454.
Pentecost A, Lord T. 1988. Postglacial tufas and travertines from the craver district of Yorkshire. Cave Science, 15, 15 ~ 19.
Peterwolk C. 1980. Cyanophyta. The Biochemistry of Plants, 659 ~ 681.
Phillips J D. 2016. Biogeomorphology and contingent ecosystem engineering in karst landscapes. Progress In Physical Geography–Earth and Environment, 40(4): 503 ~ 526.
Pochon J, Jolon D. 1968. Biological Factors in the Alteration of Stone, In K Walters and J J Elphick eds., Biodeterioration of Materials. Amsterdam, Elsevier, 258 ~ 268.
Riding R. 1991. Calcified cyanobacteria. In, Riding R ed., Calcareous Algae and Stromatolites. Berlin, Springer, 55 ~ 87.
Rosa D L, McIlroy J P. 2016. The Burren, a glacial, karstic and biokarstic expression of a limestone plateau in western Ireland. Earth Surface Processes and Landforms, 11, 1614 ~ 1628.

Rott E. 1991. Oncoids from the summer–warm River Alz (Bavaria)– Morphology and dominant cyanphytes. Arch. Hydrobiol., Suppl., Algol. Studies, 92(64): 469 ~ 482.

Sajjad W et al. 2022. Endolithic microbes of rocks, their community, function and survival strategies. International Biodeterioration & Biodegradation, 169.

Schneider J. 1977. Carbonate construction and decomposition by epilithic and endolithic micro–organisms in salt and freshwater. In, Flugel E ed., Fossil Algae. Berlin and New York, Springer–Verlag, 248 ~ 260.

Scholl D W, Taft W H. 1984. Alage contributors to the formation of calcareous tufa, Monolake. California. Jour. Sed. Petro., 34,309 ~ 319.

Tian Y P et al. 2004. The role of aerial algae in the formation of the landscape of the Yunnan Stone Forest, Yunnan Province, China. Science in China, Series D, Earth Sciences, 47(9): 846 ~ 864.

Tiffany L H. 1951. Ecology of freshwater algae. In "Manual of Phycology," edited by G. M. Smith. Chronica Botanica Company. Waltham, Massachusetts, 307 ~ 308.

Tiffany L H. 1935. Algae of bizarre abodes. The Scientific Monthly, 40(6): 541 ~ 545.

Torrano–Silva R R B N, Oliveira M C D. 2014. Systematic position of paulsilvella in the lithophylloideae (corallinaceae, rhodophyta) confirmed by molecular data. Phytotaxa, 190(1).

Viles H A. 1984. Biokarst, review and prospect. Progress in Physical Geography, 8(4): 423 ~ 542.

Viles H A. 1987. Blue–green algae and terrestrial limestone weathering on Aldabra Atoll. Earth Surface Processes and Landforms, 12(3): 319 ~ 330.

Viles H A. 1988a. Cyanobacterial and other biological influences on terrestrial limestone weathering on Aldabra. Biol. Sco. Wash. Bull., 8, 5 ~ 13.

Viles H A. 1988b. Organism and karst geomorphology, In, H A Viles ed., Biogomorphology, 319 ~ 350.

Viles H A. 1995. Ecological perspectives on rock surface weathering. Geomorphology, 13, 21 ~ 35.

Viles H A, Goudie A S. 1990. Tufa travertines and allied carbonate deposits. Progress in Physical Geography, 14(1): 19 ~ 41.

Viles H A, Spencer T. 1986. " Phytokarst" , blue–green algae and limestone weathering. In, Paterson K., Sweeting M. M. eds. New Directions in Karst, Geobooks, Norwich, 115 ~ 140.

Warke P A. 2022. Weathering in Arid Regions. Elsevier, 299 ~ 333.

Xie T, Wu Y. 2014. The role of microalgae and their carbonic anhydrase on the biological dissolution of limestone. Environmental Earth Sciences, 12, 5231 ~ 5239.

Xie T, Wu Y. 2017. The biokarst system and its carbon sinks in response to pH changes, A simulation experiment with microalgae. Geochemistry Geophysics Geosystems, 3, 827 ~ 843.

附　表

云南石林碳酸盐岩表面藻类标本微片中藻类的体积目测百分数

微片号	鉴定结果	体积目测百分数/%
99001-1	栖石土席藻	30
	黏连色球藻	60
	微小色球藻	2
	极小色球藻	1
	皮色黏球藻	4
	多育颤藻	3
99001-2	红色星球藻	30
	哈氏念珠藻	20
	膨胀伪枝藻	40
	山地黏球藻	1
	格氏隐球藻	3
	皮色黏球藻	5
	沥青色球藻	1
	黏连色球藻	1
	旱生微囊藻	1
99001-3	东方席藻	49
	晶粒黏球藻	50
	瑞士色球藻	1
99001-4	东方席藻	49
	晶粒黏球藻	50
	瑞士色球藻	1
99001-5	东方席藻	36
	晶粒黏球藻	38
	瑞士色球藻	1
	次裂隙颤藻	1
	假格圆伪枝藻	20
	皮色黏球藻	2
	枯萎黏球藻	1
	厚膜色球藻	1
99001-6	东方席藻	49
	晶粒黏球藻	50
	瑞士色球藻	1
99001-7	格氏隐球藻	10
	红色星球藻	10
	美丽隐球藻	10
	沥青色球藻	30
	巨大黏球藻	15
	稠密黏球藻	15
	晶粒黏球藻	10
99001-8	拟单歧伪枝藻	65
	紫色星球藻	10
	山地隐球藻	20
	束缚色球藻	5
99001-9	翠绿微囊藻	70
	软席藻	29
	束缚色球藻	1
99001-10	翠绿微囊藻	50
	软席藻	45
	束缚色球藻	5
99002-1	易脆裂须藻	40
	红网鞘丝藻钙质变种	50
	翠绿微囊藻	4
	黏球藻	3
	其他	3
99002-2	易脆裂须藻	40
	红网鞘丝藻钙质变种	50
	翠绿微囊藻	4
	黏球藻	3
	其他	3

续表

微片号	鉴定结果	体积目测百分数 /%
99002-3	易脆裂须藻	40
	红网鞘丝藻钙质变种	50
	翠绿微囊藻	4
	黏球藻	3
	其他	3
99003-1	林氏念珠藻	95
	微囊藻	3
	伪枝藻	2
99003-2	红网鞘丝藻钙质变种	40
	林氏念珠藻	40
	束缚色球藻	3
	旱生微囊藻	15
	黏球藻	2
99003-3	红网鞘丝藻钙质变种	30
	伪枝藻	35
	着色裂须藻	35
99003-4	红网鞘丝藻钙质变种	30
	林氏念珠藻	50
	着色裂须藻	18
	其他	2
99004-1	多育颤藻	10
	寄生微囊藻	80
	束缚色球藻	5
	黏球藻	2
	其他	3
99004-2	多育颤藻	10
	寄生微囊藻	80
	束缚色球藻	5
	黏球藻	2
	其他	3
99004-3	多育颤藻	10
	寄生微囊藻	80
	束缚色球藻	5
	黏球藻	2
	其他	3
99005	寄生微囊藻	20
	红网鞘丝藻钙质变种	40
	膜状色球藻	5
	黄色鞘丝藻	30
	席藻	2
	皮果藻	1
	黏球藻	1
	藓	1
99006-1	栖石土席藻	95
	伪枝藻	2
	色球藻	2
	寄生微囊藻	1
99006-2	栖石土席藻	90
	伪枝藻	4
	色球藻	3
	寄生微囊藻	3
99006-3	栖石土席藻	19
	寄生微囊藻	80
	其他	1
99006-4	池生念珠藻	100
99006-5	米氏伪枝藻	50
	寄生微囊藻	45
	色球藻	2
	黏球藻	2
	细小隐球藻	1
99006-6	寄生微囊藻	2
	细小隐球藻	98
99006-7	池生念珠藻	75
	易碎单歧藻	15
	黏连色球藻	3
	寄生微囊藻	4
	细小隐球藻	1
	山地色球藻	1
	紫色星球藻	0.3

续表

微片号	鉴定结果	体积目测百分数 /%
99006-7	透明星球藻	0.3
	红色星球藻	0.2
	棕黄微囊藻	0.1
	喙突黏球藻	0.1
99006-8	寄生微囊藻	60
	枯萎黏球藻	20
	栖石土席藻	5
	伪枝藻	10
	皮果藻	4
	其他	1
99006-9	寄生微囊藻	40
	栖石土席藻	45
	山地隐球藻	10
	其他	5
99006-10	易碎单歧藻	60
	库氏隐球藻	20
	栖石隐杆藻	10
	红被黏杆藻	2
	捏团黏球藻	2
	红色星球藻	0.5
	长白山星球藻	0.5
	岩生黏杆藻	3.5
	黑色黏球藻	0.5
	棕黄微囊藻	0.5
	膨胀色球藻	0.2
	微孢绿胶藻	0.3
99006-11	易碎单歧藻	70
	寄生微囊藻	5
	黏杆藻	5
	隐杆藻	5
	黏连色球藻	10
	其他	5
99007-1	假格圆伪枝藻	60
	池生念珠藻	4

微片号	鉴定结果	体积目测百分数 /%
99007-1	巴拉里隐球藻	3
	滴岩黏球藻	3
	寄生微囊藻	10
	细小隐球藻	10
	红被黏杆藻	5
	鞘丝藻	5
99007-2	地衣	100
99007-3	假格圆伪枝藻	45
	池生念珠藻	1
	巴拉里隐球藻	0.5
	滴岩黏球藻	0.5
	寄生微囊藻	50
	细小隐球藻	1
	红被黏杆藻	1
	鞘丝藻	1
99007-4	寄生微囊藻	50
	小型念珠藻	50
99007-5	假格圆伪枝藻	60
	池生念珠藻	4
	巴拉里隐球藻	3
	滴岩黏球藻	3
	寄生微囊藻	10
	细小隐球藻	10
	红被黏杆藻	5
	鞘丝藻	5
99008-1	库氏隐球藻	80
	巴拉里隐球藻	4
	寄生微囊藻	4
	束缚色球藻	4
	假格圆伪枝藻	4
	红色星球藻	3
	黑紫黏球藻	0.3
	黑色黏球藻	0.3

续表

微片号	鉴定结果	体积目测百分数 /%
99008-1	煤黑厚皮藻	0.2
	笔状裂须藻	0.2
99008-2	二型隐球藻	5
	紫色星球藻	10
	假格圆伪枝藻	80
	巨大黏球藻	5
99008-3	多枝伪枝藻	85
	二型隐球藻	5
	红色星球藻	4
	束缚色球藻	3
	寄生微囊藻	3
99008-4	黑紫黏球藻	5
	滴岩黏球藻	5
	细小隐球藻	80
	栖石色球藻	5
	伯氏伪枝藻	5
99008-5	伯氏伪枝藻	80
	细小隐球藻	10
	美丽隐球藻	10
	依氏黏球藻	8
	其他	2
99008-6	伯氏伪枝藻	95
	细小隐球藻	3
	美丽隐球藻	2
99008-7	伯氏伪枝藻	80
	细小隐球藻	10
	美丽隐球藻	10
	依氏黏球藻	8
	其他	2
99008-8	伯氏伪枝藻	80
	细小隐球藻	10
	美丽隐球藻	10
	依氏黏球藻	8
	其他	2

微片号	鉴定结果	体积目测百分数 /%
99009-1	多管鞘丝藻	35
	假格圆伪枝藻	45
	铜绿黏球藻	10
	库氏隐球藻	8
	束缚色球藻	2
99009-2	多管鞘丝藻	70
	假格圆伪枝藻	5
	铜绿黏球藻	5
	寄生微囊藻	10
	膜状色球藻	5
	捏团黏球藻	5
99009-3	铜绿黏球藻	10
	寄生微囊藻	7
	皮壳伪枝藻	40
	霍氏裂须藻	30
	极小集胞藻	7
	小黏球藻	6
99009-4	铜绿黏球藻	2
	寄生微囊藻	2
	膜状色球藻	2
	枯萎黏球藻	3
	黄色鞘丝藻	90
	康氏黏囊藻	0.5
	缅甸黏囊藻	0.5
99009-5	铜绿黏球藻	3
	寄生微囊藻	3
	皮壳伪枝藻	10
	霍氏裂须藻	70
	极小集胞藻	3
	小黏球藻	2
	颗粒黏球藻	4
	薄膜黏球藻	2
	土栖隐球藻	2
	边缘微囊藻	1

续表

微片号	鉴定结果	体积目测百分数/%	微片号	鉴定结果	体积目测百分数/%
99009-6	铜绿黏球藻	10	99010-2	细巧隐球藻	2
	寄生微囊藻	7		边缘微囊藻	2
	皮壳伪枝藻	40		小型念珠藻	1
	霍氏裂须藻	30	99010-3	小型念珠藻	50
	极小集胞藻	7		尘埃微囊藻	20
	小黏球藻	6		岩生黏杆藻	6
99009-7	铜绿黏球藻	1		透明星球藻	6
	寄生微囊藻	1		翠绿微囊藻	6
	膜状色球藻	2		植内隐球藻	5
	枯萎黏球藻	3		美丽隐球藻	7
	黄色鞘丝藻	90	99010-4	透明星球藻	5
	康氏黏囊藻	0.5		喜钙念珠藻	40
	缅甸黏囊藻	0.5		皮壳伪枝藻	10
	滴岩黏球藻	1		红色星球藻	40
	捏团黏球藻	1		卡氏隐杆藻	3
99010-1	皮壳伪枝藻	30		康氏黏囊藻	2
	霍氏裂须藻	20	99010-5	透明星球藻	2
	滴岩黏球藻	10		滴岩黏球藻	2
	红色星球藻	5		红色星球藻	2
	黑色黏球藻	5		捏团黏球藻	2
	石生黏球藻	5		喜钙念珠藻	2
	美丽隐球藻	5		皮壳伪枝藻	80
	细巧隐球藻	5		寄生微囊藻	2
	边缘微囊藻	10		颗粒黏球藻	2
	小型念珠藻	5		霍氏裂须藻	1
99010-2	喜钙念珠藻	60		胶质黏球藻	1
	皮壳伪枝藻	7		黑色黏球藻	1
	霍氏裂须藻	6		岩生黏杆藻	1
	滴岩黏球藻	5		拟色球黏囊藻	1
	红色星球藻	5		长白山星球藻	1
	黑色黏球藻	5	99010-6	地衣	90
	石生黏球藻	5		寄生微囊藻	4
	美丽隐球藻	2		拟单歧伪枝藻	6

续表

微片号	鉴定结果	体积目测百分数 /%	微片号	鉴定结果	体积目测百分数 /%
99010-7	透明星球藻	2	99011-2	霍氏裂须藻	6
	滴岩黏球藻	2		捏团黏球藻	5
	红色星球藻	2		山地隐球藻小型变种	3
	捏团黏球藻	2		长白山星球藻	4
	喜钙念珠藻	2	99011-3	帕氏伪枝藻	60
	皮壳伪枝藻	80		滴岩黏球藻	6
	寄生微囊藻	2		红色星球藻	6
	颗粒黏球藻	2		霍氏裂须藻	6
99010-7	霍氏裂须藻	1	99011-3	捏团黏球藻	5
	胶质黏球藻	1		山地隐球藻小型变种	3
	黑色黏球藻	1		长白山星球藻	4
	岩生黏杆藻	1		地衣	10
	拟色球黏囊藻	1	99011-4	帕氏伪枝藻	70
	长白山星球藻	1		滴岩黏球藻	6
99010-8	皮壳伪枝藻	30		红色星球藻	6
	霍氏裂须藻	20		霍氏裂须藻	6
	滴岩黏球藻	10		捏团黏球藻	5
	红色星球藻	5		山地隐球藻小型变种	3
	黑色黏球藻	5		长白山星球藻	4
	石生黏球藻	5	99012-1	拟单歧伪枝藻	60
	美丽隐球藻	5		滴岩黏球藻	5
	细巧隐球藻	5		红色星球藻	20
	边缘微囊藻	10		霍氏裂须藻	10
	小型念珠藻	5		细小隐球藻	3
99011-1	帕氏伪枝藻	70		其他	2
	滴岩黏球藻	6	99012-2	滴岩黏球藻	2
	红色星球藻	6		池生念珠藻	98
	霍氏裂须藻	6	99012-3	滴岩黏球藻	2
	捏团黏球藻	5		红色星球藻	15
	山地隐球藻小型变种	3		皮壳伪枝藻	50
	长白山星球藻	4		透明星球藻	15
99011-2	帕氏伪枝藻	70		美丽隐球藻	10
	滴岩黏球藻	6		寄生微囊藻	8
	红色星球藻	6	99012-4	地衣	100

续表

微片号	鉴定结果	体积目测百分数 /%
99012-5	滴岩黏球藻	5
	红色星球藻	5
	皮壳伪枝藻	60
	透明星球藻	5
	美丽隐球藻	5
	寄生微囊藻	6
	霍氏裂须藻	10
	拟色球黏囊藻	4
99012-6	滴岩黏球藻	5
	红色星球藻	5
	皮壳伪枝藻	60
	透明星球藻	5
	美丽隐球藻	5
	寄生微囊藻	6
	霍氏裂须藻	10
	拟色球黏囊藻	4
99012-7	原型微鞘藻	3
	皮壳伪枝藻	47
	滴岩黏球藻	10
	红色星球藻	10
	透明星球藻	10
	美丽隐球藻	12
	寄生微囊藻	4
	拟色球黏囊藻	4
99013-1	寄生微囊藻	0.5
	束缚色球藻	0.5
	点形黏球藻	1
	美丝鞘丝藻	20
	黄色鞘丝藻	78
99013-2	寄生微囊藻	1
	透明星球藻	2
	点形黏球藻	2
	沙生裂须藻	60

微片号	鉴定结果	体积目测百分数 /%
99013-2	黄色鞘丝藻	8
	黑色星球藻	5
	美丽黏囊藻	10
	缅甸黏囊藻	10
	其他	2
99013-3	未知	
99013-4	黄色鞘丝藻	95
	美丽黏囊藻	3
	缅甸黏囊藻	2
99013-5	沙生裂须藻	65
	美丽黏囊藻	5
	缅甸黏囊藻	5
	点形黏球藻	2
	寄生微囊藻	2
	透明星球藻	2
	捏团黏球藻	3
	黑色黏球藻	10
	球纹星球藻	2
	植内隐球藻	2
	旱生微囊藻	1
	美丽隐球藻	1
99013-6	美丽隐球藻	8
	透明星球藻	8
	寄生微囊藻	8
	胶质黏球藻	8
	美丽黏囊藻	5
	缅甸黏囊藻	5
	滴岩黏球藻	8
	墙壁眉藻	10
	黑色胶须藻	40
99013-7	滴岩黏球藻	5
	点形黏球藻	5
	旱生微囊藻	5
	黑色胶须藻	9

续表

微片号	鉴定结果	体积目测百分数 /%
99013-7	黑色星球藻	4
	黑色黏球藻	4
	黄色鞘丝藻	10
	寄生微囊藻	5
	胶质黏球藻	5
	美丽隐球藻	4
	美丽黏囊藻	3
	美丝鞘丝藻	10
	缅甸黏囊藻	2
	捏团黏球藻	5
	墙壁眉藻	4
	球纹星球藻	3
	沙生裂须藻	8
	束缚色球藻	3
	透明星球藻	3
	植内隐球藻	3
99014-1	透明星球藻	10
	捏团黏球藻	10
	黑色黏球藻	10
	点形黏球藻	12
	盐生伪枝藻印度变种	20
	红色星球藻	9
	滴岩黏球藻	9
	寄生微囊藻	10
	库氏隐球藻	10
99014-2	未知	
99014-3	透明星球藻	10
	捏团黏球藻	9
	黑色黏球藻	10
	点形黏球藻	8
	盐生伪枝藻印度变种	15
	红色星球藻	9
	滴岩黏球藻	10

微片号	鉴定结果	体积目测百分数 /%
99014-3	寄生微囊藻	9
	库氏隐球藻	10
	栖藓鞘丝藻	3
	美丝鞘丝藻	3
	拉氏鞘丝藻	4
99014-4	透明星球藻	10
	捏团黏球藻	8
	黑色黏球藻	10
	点形黏球藻	3
	盐生伪枝藻印度变种	45
	红色星球藻	7
	滴岩黏球藻	4
	寄生微囊藻	9
	库氏隐球藻	4
99014-5	点形黏球藻	35
	红色星球藻	30
	寄生微囊藻	30
	盐生伪枝藻印度变种	5
99014-6	盐生伪枝藻印度变种	98
	其他	2
99014-7	藓	100
99015-1	帕氏伪枝藻	85
	红色星球藻	2
	寄生微囊藻	1
	点形黏球藻	1
	透明星球藻	1
	皮氏集胞藻	2
	黑色黏球藻	2
	黑色星球藻	3
	紫色星球藻	2
	康氏黏囊藻	1
99015-2	透明星球藻	8
	寄生微囊藻	20

续表

微片号	鉴定结果	体积目测百分数 /%
99015-2	康氏黏囊藻	3
	山地黏球藻	4
	池生念珠藻	65
99015-3	地衣	100
99015-4	帕氏伪枝藻	8
	红色星球藻	9
	寄生微囊藻	50
	点形黏球藻	3
	透明星球藻	5
	皮氏集胞藻	5
	黑色黏球藻	6
	黑色星球藻	4
	紫色星球藻	5
	康氏黏囊藻	2
	池生念珠藻	3
99015-5	帕氏伪枝藻	85
	红色星球藻	2
	寄生微囊藻	1
	点形黏球藻	1
	透明星球藻	1
	皮氏集胞藻	2
	黑色黏球藻	2
	黑色星球藻	3
	紫色星球藻	2
	康氏黏囊藻	1
99016-1	卡氏鞘丝藻	3
	栖霞鞘丝藻	95
	其他	2
99016-2	卡氏鞘丝藻	70
	笔状裂须藻	20
	翠绿微囊藻	10
99016-3	联结鞘丝藻	100
99016-4	地衣	100

微片号	鉴定结果	体积目测百分数 /%
99016-5	爪哇伪枝藻	10
	霍氏裂须藻	10
	棕色眉藻	10
	卡氏鞘丝藻	10
	栖霞鞘丝藻	50
	其他	3
	黑色黏球藻	3
	山地隐球藻	4
99016-6	美丽黏囊藻	100
99016-7	卡氏鞘丝藻	5
	栖霞鞘丝藻	70
	联结鞘丝藻	5
	纽曲单歧藻	10
	边缘微囊藻	3
	厚膜色球藻	3
	束缚色球藻	2
	晶粒黏球藻	2
99016-8	联结鞘丝藻	30
	卡氏鞘丝藻	20
	膜状色球藻	5
	笔状裂须藻	40
	寄生微囊藻	5
99016-9	爪哇伪枝藻	15
	笔状裂须藻	50
	卡氏鞘丝藻	15
	栖霞鞘丝藻	15
	边缘微囊藻	3
	捏团黏球藻	2
99017-1	红色星球藻	30
	滴岩黏球藻大型变种	50
	高山黏球藻	20
99017-2	池生念珠藻	100

续表

微片号	鉴定结果	体积目测百分数 /%
99017-3	哈氏念珠藻	60
	水生集胞藻	35
	库氏隐球藻	2
	微小隐杆藻	2
	湖泊鞘丝藻	1
99017-4	黑紫黏球藻	100
99017-5	黑紫黏球藻	7
	边缘微囊藻	5
	滴岩黏球藻	6
	黑色星球藻	5
	透明星球藻	4
	四体黏球藻	1
	晶粒黏球藻	2
	福氏单歧藻	20
	枯萎	50
99017-6	黑紫黏球藻	3
	边缘微囊藻	1
	滴岩黏球藻	2
	黑色星球藻	2
	透明星球藻	2
	四体黏球藻	3
	晶粒黏球藻	2
	伯氏伪枝藻	50
	玉红裂须藻	20
	膜状色球藻	15
99017-7	坚实微囊藻	40
	莉氏念珠藻	60
99017-8	黑紫黏球藻	4
	边缘微囊藻	1
	滴岩黏球藻	1
	黑色星球藻	4
	透明星球藻	3
	四体黏球藻	1
	晶粒黏球藻	1
	伯氏伪枝藻	50
	玉红裂须藻	15
	膜状色球藻	10
	美丽颤藻	5
	美丽黏囊藻	5
99017-9	黑紫黏球藻	3
	边缘微囊藻	1
	滴岩黏球藻	1
	黑色星球藻	3
	透明星球藻	1
	四体黏球藻	2
	晶粒黏球藻	1
	伯氏伪枝藻	25
	玉红裂须藻	10
	膜状色球藻	8
	哈氏念珠藻	30
	水生集胞藻	12
	库氏隐球藻	1
	微小隐杆藻	1
	湖泊鞘丝藻	1
99018-1	棒状皮果藻	75
	亚麻色单歧藻	10
	晶粒黏球藻	4
	美丝鞘丝藻	3
	寄生微囊藻	2
	喙突黏球藻	1
	地衣	5
99018-2	玫瑰红皮果藻	50
	佛氏绿胶藻	50
99018-3	果实管孢藻	90
	其他	10
99019-1	黑色黏球藻	2
	缅甸黏囊藻	3
	米氏伪枝藻	95

续表

微片号	鉴定结果	体积目测百分数 /%
99019-2	拟色球黏囊藻	98
	菌丝	2
99019-3	米氏伪枝藻	10
	拟色球黏囊藻	75
	地衣	10
	棒状皮果藻	5
99019-4	米氏伪枝藻	90
	拟色球黏囊藻	5
	黑色黏球藻	5
99020-1	多形管孢藻	40
	福氏单歧藻	40
	红色星球藻	4
	透明星球藻	4
	滴岩黏球藻	4
	褐黑黏杆藻小型变种	8
99020-2	多形管孢藻	5
	红色星球藻	10
	透明星球藻	1
	滴岩黏球藻	10
	膜状色球藻	1
	美丽黏囊藻	10
	球纹星球藻	1
	拉氏黏球藻	20
	枯萎黏球藻	1
	喙突黏球藻	3
	捏团黏球藻	10
	束缚色球藻	1
	美丽隐球藻	1
	坚实微囊藻	1
	褐黑黏杆藻	3
	栖藓鞘丝藻	2
	黏附单歧藻着色变种	20
99020-3	多形管孢藻	5
	红色星球藻	10
	透明星球藻	1
	滴岩黏球藻	10
	膜状色球藻	1
	美丽黏囊藻	10
	球纹星球藻	1
	拉氏黏球藻	20
	枯萎黏球藻	1
	喙突黏球藻	3
	捏团黏球藻	10
	束缚色球藻	1
	美丽隐球藻	1
	坚实微囊藻	1
	褐黑黏杆藻	3
	栖藓鞘丝藻	2
	黏附单歧藻着色变种	20
99020-4	多形管孢藻	5
	红色星球藻	10
	透明星球藻	1
	滴岩黏球藻	10
	膜状色球藻	1
	美丽黏囊藻	10
	球纹星球藻	1
	拉氏黏球藻	20
	枯萎黏球藻	1
	喙突黏球藻	3
	捏团黏球藻	10
	束缚色球藻	1
	美丽隐球藻	1
	坚实微囊藻	1
	褐黑黏杆藻	3
	栖藓鞘丝藻	2
	黏附单歧藻着色变种	20

续表

微片号	鉴定结果	体积目测百分数/%	微片号	鉴定结果	体积目测百分数/%
99020-5	捏团黏球藻	5	99021-5	厚膜色球藻	5
	红色星球藻	5		佛氏绿胶藻	10
	地 木 耳	5	99021-6	无机颗粒	——
	枯萎黏球藻	3	99021-7	伯氏伪枝藻	50
	晶粒黏球藻	5		沙生裂须藻	20
	圆胞束球藻	3		内卷翅线藻	4
	居氏腔球藻	4		滴岩黏球藻	4
	皮壳伪枝藻	20		喙突黏球藻	4
	眼点伪枝藻	50		红色星球藻	5
99021-1	内卷翅线藻	40		黑色星球藻	6
	滴岩黏球藻	9		球纹星球藻	2
	喙突黏球藻	8		透明星球藻	2
	红色星球藻	10		颗粒黏球藻	1
	黑色星球藻	8		二型隐球藻	1
	球纹星球藻	8		细小隐球藻	1
	透明星球藻	5	99021-8	池生念珠藻	100
	颗粒黏球藻	5	99022-1	伯氏伪枝藻	85
	二型隐球藻	2		沙生裂须藻	10
	细小隐球藻	2		红色星球藻	2
	其他	3		滴岩黏球藻	1
99021-2	红色星球藻	100		山地隐球藻	1
99021-3	二型隐球藻	50		其他	1
	山地隐球藻	50	99022-2	池生念珠藻	30
99021-4	未知	——		红色星球藻	25
99021-5	黑色星球藻	10		佛氏绿胶藻	10
	球纹星球藻	10		寄生微囊藻	15
	透明星球藻	5		边缘微囊藻	10
	颗粒黏球藻	10		二型隐球藻	10
	山地隐球藻	20	99022-3	红色星球藻	——
	地 木 耳	10	99022-4	旱生微囊藻	10
	喙突黏球藻	5		寄生微囊藻	6
	捏团黏球藻	5		棕黄微囊藻	8
	紫色星球藻	10		微小微囊藻	6

续表

微片号	鉴定结果	体积目测百分数 /%
99022-4	伯氏伪枝藻	5
	卡氏鞘丝藻	10
	晶粒黏球藻	20
	蓝色黏球藻	2
	山地隐球藻	1
	二型隐球藻	1
	地 木 耳	30
	缅甸黏囊藻	1
99023-1	棕黄微囊藻	50
	卡氏鞘丝藻	6
	美丝鞘丝藻	5
	晶粒黏球藻	5
	蓝色黏球藻	4
	山地隐球藻	8
	二型隐球藻	3
	地 木 耳	6
	缅甸黏囊藻	3
	微小微囊藻	5
	伯氏伪枝藻	5
99023-2	棕黄微囊藻	30
	地 木 耳	25
	椭孢念珠藻	26
	亚麻色单歧藻	5
	晶粒黏球藻	4
	蓝色黏球藻	4
	山地隐球藻	3
	二型隐球藻	3
99023-3	山地隐球藻	10
	二型隐球藻	10
	球纹星球藻	5
	透明星球藻	20
	颗粒黏球藻	10
	微小微囊藻	10
99023-3	黑色黏球藻	20
	蝇色伪枝藻	5
	其他	10
99023-4	微小微囊藻	50
	未知	50
99023-5	山地隐球藻	10
	二型隐球藻	10
	球纹星球藻	5
	透明星球藻	20
	颗粒黏球藻	10
	微小微囊藻	10
	黑色黏球藻	20
	蝇色伪枝藻	5
	其他	10
99024-1	球纹星球藻	5
	紫色星球藻	3
	喙突黏球藻	5
	厚膜色球藻	3
	捏团黏球藻	5
	颗粒黏球藻	2
	红色星球藻	2
	黑色星球藻	30
	黑紫黏球藻	2
	黏黑黏球藻	3
	枯萎黏球藻	35
	盖氏伪枝藻	5
99024-2	埃哥念珠藻	100
99024-3	红色星球藻	1
	细小隐球藻	1
	缅甸伪枝藻	98
99024-4	红色星球藻	1
	细小隐球藻	1
	缅甸伪枝藻	98

续表

微片号	鉴定结果	体积目测百分数 /%
99024-5	山地黏球藻	60
	梭形黏球藻	30
	微小微囊藻	10
99024-6	山地黏球藻	30
	透明星球藻	60
	黑色星球藻	10
99024-7	埃哥念珠藻	30
	球纹星球藻	2
	紫色星球藻	2
	喙突黏球藻	1
	厚膜色球藻	1
	捏团黏球藻	1
	颗粒黏球藻	1
	红色星球藻	1
	黑色星球藻	20
	黑紫黏球藻	6
	黏黑黏球藻	6
	枯萎黏球藻	15
	盖氏伪枝藻	5
	山地隐球藻	3
	微小隐杆藻	6
99025-1	寄生微囊藻	20
	晶粒黏球藻	15
	捏团黏球藻	20
	二型隐球藻	5
	弗氏伪枝藻	20
	鞘丝藻	10
	缅甸黏囊藻	10
99025-2	沙生裂须藻	5
	寄生微囊藻	15
	晶粒黏球藻	15
	捏团黏球藻	20
	二型隐球藻	5
	弗氏伪枝藻	20
	鞘丝藻	10
	缅甸黏囊藻	10
99025-3	池生念珠藻	5
	沙生裂须藻	5
	寄生微囊藻	15
	晶粒黏球藻	10
	捏团黏球藻	20
	二型隐球藻	5
	弗氏伪枝藻	20
	鞘丝藻	10
	缅甸黏囊藻	10
99026-1	金枝藻（金藻门）	100
99026-2	金枝藻（金藻门）	75
	铜绿黏球藻	3
	点形黏球藻	2
	旱生微囊藻	5
	捏团黏球藻	15
99026-3	金枝藻（金藻门）	75
	铜绿黏球藻	3
	点形黏球藻	2
	旱生微囊藻	5
	捏团黏球藻	15
99027-1	层片微囊藻	100
99027-2	亚丝鞘丝藻	40
	厚膜色球藻	1
	黑色黏球藻	45
	晶粒黏球藻	4
	原型微鞘藻	5
	点形黏球藻	3
	其他	2

续表

微片号	鉴定结果	体积目测百分数 /%	微片号	鉴定结果	体积目测百分数 /%
99027-3	亚丝鞘丝藻	40	99029-1	透明星球藻	7
	厚膜色球藻	1		黑色星球藻	9
	黑色黏球藻	45		红色星球藻	6
	晶粒黏球藻	4		巨大黏球藻	5
	原型微鞘藻	5		紫色星球藻	6
	点形黏球藻	3	99029-2	伯氏伪枝藻	35
	其他	2		拟色球黏囊藻	5
99027-4	亚丝鞘丝藻	40		滴岩黏球藻	5
	厚膜色球藻	1		高山黏球藻	5
	黑色黏球藻	45		晶粒黏球藻	7
	晶粒黏球藻	4		黑色黏球藻	10
	原型微鞘藻	5		透明星球藻	7
	点形黏球藻	3		黑色星球藻	9
	其他	2		红色星球藻	6
99028-1	旱生微囊藻	2		巨大黏球藻	3
	翠绿微囊藻	3		紫色星球藻	3
	无机颗粒	95		美丽隐球藻	2
99028-2	旱生微囊藻	20		煤黑厚皮藻	3
	寄生微囊藻	20	99030-1	爪哇伪枝藻	40
	捏团黏球藻	20		捏团黏球藻	10
	丝状鞘丝藻	10		颗粒黏球藻	5
	缅甸伪枝藻	18		厚膜色球藻	5
	客氏异球藻	10		山地隐球藻	20
	其他	2		不定微囊藻	5
99028-3	旱生微囊藻	5		棕黄微囊藻	10
	棕黄微囊藻	95		不定微囊藻	5
99028-4	缅甸伪枝藻	100	99030-2	丝状鞘丝藻	30
99029-1	伯氏伪枝藻	35		珀氏裂须藻	20
	拟色球黏囊藻	5		爪哇伪枝藻	10
	滴岩黏球藻	5		捏团黏球藻	20
	高山黏球藻	5		旱生微囊藻	7
	晶粒黏球藻	7		厚膜色球藻	7
	黑色黏球藻	10		边缘微囊藻	6

续表

微片号	鉴定结果	体积目测百分数 /%
99030-3	爪哇伪枝藻	40
	捏团黏球藻	10
	棕黄微囊藻	5
	颗粒黏球藻	2
	缅甸黏囊藻	13
	朱氏蓝枝藻	30
99030-4	爪哇伪枝藻	70
	黑色黏球藻	3
	棕黄微囊藻	3
	滴岩黏球藻	3
	长白山星球藻	3
	朱氏蓝枝藻	10
	玉红裂须藻	5
	煤黑厚皮藻	3
99031-1	莉氏念珠藻	70
	黑色黏球藻	20
	透明星球藻	3
	捏团黏球藻	3
	山地隐球藻	2
	栖石土席藻	2
99032-1	黑色黏球藻	10
	捏团黏球藻	10
	棕黄微囊藻	10
	锡兰鞘丝藻	70
99032-2	希氏鞘丝藻	35
	莱氏裂须藻	65
99032-3	黑色黏球藻	10
	捏团黏球藻	10
	棕黄微囊藻	10
	锡兰鞘丝藻	70
99033-1	黑色黏球藻	10
	捏团黏球藻	10
	埃氏单歧藻	25
99033-1	点形念珠藻	10
	美丽黏囊藻	10
	栖霞鞘丝藻	10
	滴岩黏球藻	5
	山地隐球藻	20
99033-2	捏团黏球藻	15
	美丽黏囊藻	10
	联结鞘丝藻	75
99033-3	捏团黏球藻	15
	美丽黏囊藻	10
	联结鞘丝藻	75
99034-1	黑紫黏球藻	8
	黑色鞘丝藻	90
	微孢绿胶藻	2
99034-2	池生念珠藻	60
	二型隐球藻	40
99034-3	黑紫黏球藻	8
	黑色鞘丝藻	90
	微孢绿胶藻	2
99034-4	黑紫黏球藻	15
	黑色鞘丝藻	60
	棕黄微囊藻	5
	晶粒黏球藻	5
	原型微鞘藻	1
	客氏异球藻	1
	硅藻	13
99035-1	原型微鞘藻	20
	晶粒黏球藻	1
	捏团黏球藻	1
	寄生微囊藻	1
	旱生微囊藻	15
	边缘微囊藻	1
	拟色球黏囊藻	1

续表

微片号	鉴定结果	体积目测百分数 /%	微片号	鉴定结果	体积目测百分数 /%
99035-1	莉氏念珠藻	15	99039-1	黑紫黏球藻	5
	黄色鞘丝藻	15		捏团黏球藻	2
	库氏链鞘藻	30		缅甸伪枝藻	35
99035-2	地衣	40		莉氏念珠藻	5
	莉氏念珠藻	40		二型隐球藻	10
	黄色鞘丝藻	5		大型集胞藻	15
	原型微鞘藻	3		山地隐球藻	5
	库氏链鞘藻	2		美丽黏囊藻	2
	捏团黏球藻	3	99039-2	缅甸伪枝藻	20
	旱生微囊藻	2		二型隐球藻	30
	客氏异球藻	2		黑色黏球藻	10
	舍氏异球藻	2		山地隐球藻	10
	缅甸黏囊藻	1		长突星球藻	10
99036-1	寄生微囊藻	20		黑色星球藻	5
	黑色黏球藻	10		红色星球藻	5
	滴岩黏球藻	5		寄生微囊藻	10
	黑色星球藻	5	99040-1	红色星球藻	2
	埃氏单歧藻	60		黑色黏球藻	20
99037-1	地衣	100		紫色微囊藻	20
99038-1	不定腔球藻	1		捏团黏球藻	2
	地衣	95		晶粒黏球藻	5
	立氏单歧藻	4		棕黄黏杆藻	1
99038-2	立氏单歧藻	95		颗粒黏球藻	1
	黑色黏球藻	3		植内隐球藻	2
	滴岩黏球藻	2		美丽黏囊藻	2
99038-3	地衣	100		皮壳伪枝藻	30
99039-1	长突星球藻	5		石林肾胞藻	15
	黑色星球藻	3	99040-2	黑色黏球藻	5
	红色星球藻	3		紫色微囊藻	5
	边缘微囊藻	2		皮壳伪枝藻	80
	滴岩黏球藻	5		美丽黏囊藻	1
	厚膜色球藻	1		捏团黏球藻	2
	晶粒黏球藻	2		二型隐球藻	5
				寄生微囊藻	2

续表

微片号	鉴定结果	体积目测百分数 /%
99040-3	地衣	100
99041-1	黑色黏球藻	5
	山地隐球藻	10
	皮壳伪枝藻	80
	美丽黏囊藻	5
99041-2	黑色黏球藻	10
	红色星球藻	10
	皮壳伪枝藻	80
99042-1	地衣	56
	皮壳伪枝藻	30
	黑色黏球藻	9
	裂褶念珠藻	5
99042-2	裂褶念珠藻	8
	浮游念珠藻	25
	晶粒黏球藻	8
	地衣	59
99043-1	晶粒黏球藻	5
	紫色微囊藻	20
	棕黄微囊藻	5
	丝状鞘丝藻	30
	黄色鞘丝藻	40
99043-2	密集微囊藻	5
	黑色星球藻	10
	红色星球藻	5
	翠绿微囊藻	5
	红紫微鞘藻	5
	莉氏念珠藻	30
	缅甸伪枝藻	40
99043-3	密集微囊藻	15
	黑色星球藻	20
	红色星球藻	10
	翠绿微囊藻	7
	红紫微鞘藻	8
	缅甸伪枝藻	40
99044-1-1	黑色黏球藻	5
	寄生微囊藻	5
	有须伪枝藻	60
	铁锈管孢藻	30
99044-1-2	黑色黏球藻	5
	寄生微囊藻	5
	有须伪枝藻	60
	铁锈管孢藻	30
99044-2-1	红色星球藻	4
	翠绿微囊藻	20
	黑色黏球藻	1
	边缘微囊藻	1
	黑色星球藻	2
	滴岩黏球藻	2
	二型隐球藻	10
	伯氏伪枝藻	60
99044-2-2	红色星球藻	4
	翠绿微囊藻	20
	黑色黏球藻	1
	边缘微囊藻	1
	黑色星球藻	2
	滴岩黏球藻	2
	二型隐球藻	10
	伯氏伪枝藻	60
99044-2-3	格氏隐球藻	10
	红色星球藻	4
	翠绿微囊藻	20
	黑色黏球藻	1
99044-2-3	边缘微囊藻	1
	黑色星球藻	2
	滴岩黏球藻	2
	二型隐球藻	10
	伯氏伪枝藻	50

续表

微片号	鉴定结果	体积目测百分数 /%
99045-1	二型隐球藻	20
	伯氏伪枝藻	40
	边缘微囊藻	30
	哈氏念珠藻	10
99045-2	伯氏伪枝藻	60
	黑色星球藻	5
	滴岩黏球藻	4
	二型隐球藻	10
	颗粒黏球藻	3
	厚膜色球藻	3
	棕黄微囊藻	10
	红色星球藻	3
	美丽黏囊藻	2
99045-3	二型隐球藻	10
	伯氏伪枝藻	60
	翠绿微囊藻	20
	边缘微囊藻	5
	其他	5
99045-4	层片微囊藻	70
	二型隐球藻	8
	伯氏伪枝藻	15
	翠绿微囊藻	5
	边缘微囊藻	2
99045-5	伯氏伪枝藻	60
	黑色星球藻	5
	滴岩黏球藻	4
	二型隐球藻	10
	颗粒黏球藻	3
	厚膜色球藻	3
	棕黄微囊藻	10
	红色星球藻	3
	美丽黏囊藻	2
99046-1	黑色星球藻	1
	滴岩黏球藻	1
	二型隐球藻	10
	颗粒黏球藻	1
	捏团黏球藻	4
	红色星球藻	1
	翠绿微囊藻	10
	棕黄微囊藻	1
	寄生微囊藻	1
	莉氏念珠藻	30
	缅甸伪枝藻	40
99046-2	黑色星球藻	3
	旱生微囊藻	2
	二型隐球藻	2
	黑色黏球藻	5
	黑紫黏球藻	4
	红色星球藻	20
	翠绿微囊藻	10
	山地隐球藻	4
	紫色星球藻	10
	莉氏念珠藻	10
	缅甸伪枝藻	20
	皮壳伪枝藻	10
99047-1	地衣	80
	棕黄微囊藻	12
	亚麻色单歧藻	8
99048-1	未知	
99049-1	纤细伪枝藻	55
	二型隐球藻	20
	黑色星球藻	5
	颗粒黏球藻	3
99049-1	红色星球藻	5
	翠绿微囊藻	5
	滴岩黏球藻	2
	捏团黏球藻	5

续表

微片号	鉴定结果	体积目测百分数 /%
99049-2	拟色球黏囊藻	20
	佛氏绿胶藻	80
99050-1	捏团黏球藻	5
	棕黄微囊藻	4
	翠绿微囊藻	3
	美丽黏囊藻	3
	泡状平盘藻	5
	巨大鞘丝藻	20
	紫管鞘丝藻	40
	亚麻色单歧藻岩生变种	20
99050-2	捏团黏球藻	5
	棕黄微囊藻	4
	翠绿微囊藻	3
	美丽黏囊藻	3
	泡状平盘藻	5
	巨大鞘丝藻	20
	紫管鞘丝藻	40
	亚麻色单歧藻岩生变种	20
99050-3	棕黄微囊藻	5
	巨大鞘丝藻	20
	亚麻色单歧藻岩生变种	50
	晶粒黏球藻	5
	紫色平盘藻	10
	微孢绿胶藻	10
99050-4	棕黄微囊藻	2
	巨大鞘丝藻	2
	亚麻色单歧藻岩生变种	90
	晶粒黏球藻	2
	紫色平盘藻	2
	微孢绿胶藻	2
99051-1	纳氏隐杆藻	5
	亚麻色单歧藻	10
	池生念珠藻	85
99051-2	亚麻色单歧藻	30
	池生念珠藻	20
	翠绿微囊藻	8
	紫管鞘丝藻	5
	缅甸黏囊藻	7
	地衣	30
99052-1	红色星球藻	5
	盐生伪枝藻印度变种	45
	菌丝	50
99053-1	巨大鞘丝藻	100
99053-2	巨大鞘丝藻	60
	卡氏鞘丝藻	15
	晶粒黏球藻	5
	莉氏念珠藻	20
99053-3	巨大鞘丝藻	10
	亚麻色单歧藻	10
	莉氏念珠藻	80
99054-1	巨大鞘丝藻	30
	翠绿微囊藻	10
	棕黄微囊藻	10
	山地隐球藻	10
	旱生微囊藻	3
	膨胀色球藻	2
	细叶裂须藻	35
99054-2	膨胀色球藻	5
	棕黄微囊藻	10
	巨大鞘丝藻	85
99054-3	巨大鞘丝藻	70
	翠绿微囊藻	5
	棕黄微囊藻	20
	膨胀色球藻	2
	莉氏念珠藻	3

续表

微片号	鉴定结果	体积目测百分数 /%
99055-1	莉氏念珠藻	2
	盐生伪枝藻印度变种	70
	细叶裂须藻	5
	黑色星球藻	5
	红色星球藻	5
	翠绿微囊藻	1
	巨大黏球藻	1
	滴岩黏球藻	5
	晶粒黏球藻	1
	二型隐球藻	5
99055-2	红色星球藻	50
	二型隐球藻	30
	库氏隐球藻	20
99056-1	红色星球藻	60
	紫色星球藻	2
	透明星球藻	2
	寄生微囊藻	1
	山地色球藻	1
	厚膜色球藻	2
	膨胀色球藻	1
	黑色黏球藻	1
	晶粒黏球藻	1
	巨大黏球藻	2
	颗粒黏球藻	1
	二型隐球藻	1
	细小隐球藻	1
	岩生黏杆藻	2
	莉氏念珠藻	2
	煤黑厚皮藻	10
	伯氏伪枝藻	5
	福氏单歧藻	5
99056-2	煤黑厚皮藻	2
	莉氏念珠藻	18
	膨胀色球藻	2
	紫色星球藻	3
	红色星球藻	20
	蝇色伪枝藻	50
	埃哥念珠藻	5
99056-3	蝇色伪枝藻	30
	红色星球藻	30
	球纹星球藻	1
	滴岩黏球藻	2
	黑色黏球藻	2
	稠密黏球藻	1
	高山黏球藻	2
	棕黄微囊藻	2
	坚实微囊藻	1
	膨胀色球藻	4
	黏连色球藻	3
	莉氏念珠藻	20
	二型隐球藻	2
99056-4	蝇色伪枝藻	30
	红色星球藻	30
	球纹星球藻	1
	滴岩黏球藻	2
	黑色黏球藻	2
	稠密黏球藻	1
	高山黏球藻	2
	棕黄微囊藻	2
	坚实微囊藻	1
	膨胀色球藻	4
	黏连色球藻	3
	莉氏念珠藻	20
	二型隐球藻	2
99056-5	卡氏隐杆藻	30
	高山黏球藻	3
	紫色星球藻	5
	红色星球藻	20

续表

微片号	鉴定结果	体积目测百分数 /%
99056-5	膨胀色球藻	2
	黏连色球藻	2
	莉氏念珠藻	30
	蝇色伪枝藻	5
	晶粒黏球藻	3
99057-1	滴岩黏球藻	5
	棕黄黏杆藻	5
	拟色球黏囊藻	70
	缅甸黏囊藻	20
99058-1	莉氏念珠藻	0.5
	棕黄黏杆藻	0.5
	旱生微囊藻	1
	翠绿微囊藻	1
	小型色球藻	1
	巨大黏球藻	1
	马拉维伪枝藻	85
	绿色隐球藻	10
99059-1	翠绿微囊藻	2
	拉氏鞘丝藻	50
	微孢绿胶藻	10
	巨大鞘丝藻	1
	黏连色球藻	1
	棕色眉藻	1
	纽曲单歧藻	1
	捏团黏球藻	1
	晶粒黏球藻	30
	棕黄微囊藻	1
	煤黑厚皮藻	2
99059-2	翠绿微囊藻	1
	拉氏鞘丝藻	60
	微孢绿胶藻	2
	巨大鞘丝藻	1
	黏连色球藻	1
	棕色眉藻	1
99059-2	纽曲单歧藻	20
	捏团黏球藻	1
	晶粒黏球藻	10
	棕黄微囊藻	1
	煤黑厚皮藻	2
99059-3	纽曲单歧藻	5
	黏连色球藻	6
	晶粒黏球藻	49
	拉氏鞘丝藻	40
99060-1	晶粒黏球藻	40
	枯萎黏球藻	5
	煤黑厚皮藻	45
	黑色黏球藻	10
99061-1	晶粒黏球藻	28
	颗粒黏球藻	2
	塞斯西雅隐球藻	30
	纤细席藻	20
	墙壁眉藻	20
99061-2	塞斯西雅隐球藻	20
	纤细席藻	35
	墙壁眉藻	40
	旱生微囊藻	2
	极小色球藻	2
	薄膜黏球藻	1
99061-3	塞斯西雅隐球藻	30
	纤细席藻	25
	墙壁眉藻	40
	黑色黏球藻	3
	微孢隐杆藻	2
99061-4	塞斯西雅隐球藻	30
	纤细席藻	25
	墙壁眉藻	40
	黑色黏球藻	3
	微孢隐杆藻	2

续表

微片号	鉴定结果	体积目测百分数 /%	微片号	鉴定结果	体积目测百分数 /%
99062−1	弗氏眉藻	40	99062−2	墙壁眉藻	10
	金枝藻（金藻门）	60		黑色黏球藻	4
99062−2	晶粒黏球藻	4	99062−3	金枝藻（金藻门）	60
	颗粒黏球藻	2		墙壁眉藻	20
	塞斯西雅隐球藻	50		捏团黏球藻	10
	纤细席藻	30		翠绿微囊藻	10